新・数理／工学 ［応用数学＝3］
ライブラリ

多変数の微積分とベクトル解析

神保 秀一・久保 英夫 著

数理工学社

編者のことば

　21 世紀に入って基礎科学や科学技術の発展は続いています．数学や宇宙や物質に関する様々な基礎科学の研究から生活を支える様々な製品や機器や，エネルギー，バイオ，通信，情報理論に関する工学的研究まで様々な進展が見られます．微分積分学が創始された 17 世紀以降において数理的な諸科学では数式や数学理論が学問を基礎や側面からその発展を支えています．そしてこれからも続いていくことでしょう．近年，理工系分野では日本人の貢献は特筆すべきものがあり，それもベテランから若い人まで広い世代によってなされ，いくつかの仕事は世界的に広く認識されて非常に誇らしく感じています．日本の科学技術研究のこれらの流れは今後も続いていくことが期待されます．この「新・数理/工学ライブラリ［応用数学］」はこのような科学や技術の分野における人の育成に貢献していくことを目的に考えられました．大学の理工系学部では，基礎課程において数学の科目が多く課されています．微分積分学の理解が第一に大事な学力の基盤となりますが，それに続いて学ぶべき科目としては微分方程式入門，複素関数論，ベクトル解析，フーリエ解析，数値解析，確率統計などが重要な科目となります．これらはいずれも昔から理工系の専門基礎科目として伝統的なものですが科学が進んでも重要度が下がることはありません．何かの研究や技術において何か革新が起こる際には実はその課題の根本から見直されるからです．そしてまた，それを成すのは既存の枠から外に出て基礎から全体を自由に見直すことができる人で，数学力がその人を支えます．この応用数学ライブラリがそのような人々を育成することに大いに役立って行くことを望んでいます．

神保秀一

はじめに

　ガリレオ　ガリレイ[†] は，"近代科学の父" と呼ばれる 16 世紀の科学者です．彼は信念とか観念より観測のデータを重視して自然現象をより客観的に解明しようとした人として知られています．実際，実験で得た多数の数値を数式に当てはめて落体の法則や振り子の等時性を定式化しました．続く 17 世紀以降は，幅広く数式を活用して一般的理論を目指す数理的な方法が科学の主流となってゆきました．ニュートン[‡] やライプニッツ[§] らによる微分積分学の発展とともに様々な科学が建設されてゆきました．現代の理工系の諸科学は，古典力学のほか電磁気学や連続体力学や量子力学などの基礎的な物理学や様々な数学理論による計算によって支えられていますが，なかでも数学の部分の中心には大学初年級の微分積分学や線形代数学や応用系の基礎科目であるベクトル解析が存在しています．本書は多変数の微積分とベクトル解析の入門書です．前半で微分積分学の基礎を論述しつつスカラー値やベクトル値の関数の性質や計算や公式等を解説します．基本的にはガウス・グリーンの定理や活用法を目標に据えて話を進めてゆきます．1 変数関数の微分積分学では微分積分の基本定理[¶] がよく知られていますが，それをベクトル値の多変数関数版にしたものがこのガウス・グリーンの定理ともいえます．これはベクトル場の発散の積分に関する定理で，様々な具体的な重積分の計算に用いられます．また物理法則から方程式を導く際や，偏微分方程式の解を議論する際にも活用されます．この定理の特別なケースが部分積分の公式で積分式の式変形によく使用されます．よって，ガウス・グリーンの定理の活用に習熟することは数理的な専門科目を学びさらに研究していく上で重要であるといえます．以下に各章の内容を紹介します．

　第 1 章では空間ベクトルや内積の基礎を説明し，それによって直線や平面な

[†]Galileo Galilei 1564-1642：イタリアの物理学者，力学，天文などの業績が顕著.

[‡]Sir Isaac Newton 1642-1727：イギリスの物理学者，数学者，微積分学，力学を創始.

[§]Gottfried Wilhelm von Leibniz 1646-1716：ドイツの数学者，微積分学を創始.

[¶]この事実は微分演算と積分演算がある意味で逆向きの操作であることを示している.

どの空間図形についての取り扱いについて解説をします．図形的な感覚をベクトルを利用した計算を通して身につけるようにしています．第2章，第3章では多変数の微分積分の骨格をなす理論を見てゆきます．曲線や曲面や立体を記述し幾何的な量を定義して計測する課題を扱っています．例題や計算例を多く取り上げ理論や計算を自然に学べるようにしました．それによって古典的な微分積分の課題を解く手法を説明します．これらの章ではユークリッド空間の集合や関数を扱うための位相や点の収束などの用語や概念を導入して現代的な流儀にも慣れ親しむように心がけました．第4章で本書の主題の一つであるガウス・グリーンの定理およびストークスの定理を述べ証明の概要を解説しました．その際，微分形式を用いずに素朴な計算だけで議論を展開しています．これらの定理に関する深い数学理論に興味を持ったなら，より進んだ文献で学んでください．また関連する代表的な諸結果を併せて説明しました．第5章では力学や流体力学の方程式および熱伝導方程式を導く計算やその解を調べることをいくつかのケースについて行い，第4章までに記述した理論を活用して解析できるいくつかの重要な事例を紹介しました．これらは個別的な例なので興味の持てるものを選択して学ぶと良いでしょう．

　本書を読み始めるためには大学初年度で学ぶ線形代数の行列の計算や1変数の微分積分の基礎的内容を身につけていれば十分です．学ぶ意欲と計算力があれば独学でも十分通読できるでしょう．学習する過程において必要に応じて巻末の参考書などで知識を確認したり補充することを奨めます．

　重要な数学用語にはそれに関わった学者の人名が付くことがありますが，本書では生没年も脚注の形で付記しました．それらを見ると微分積分学が（350年以上の）長い期間をかけて成されたこと，そして，この科学分野がとても古い学問であると知ることができます（間接的に）．それが意味する1つの重要なことは数学の定理や理論が一度確立されれば以後ずっと普遍的に存立して生きつづけることです．そのような価値を知ることも微分積分を学ぶ理由です[†]．本書の執筆の過程において数学関連の先輩や友人の方々と意見交換や議論をして大変有益でありました．図の作成においては北海道大学大学院理学院生の Zhiruo Ding さんに協力して頂きました．数理工学社の田島伸彦氏には執筆全般につ

[†]自然現象の探求への関わりがあるので数式の意味を味わいながら学べる．

いて，鈴木綾子氏には編集作業において，お世話になりました．これらのみなさんに感謝したいと思います．本書が自然科学および理工系の専門分野に進む学生諸君の役に立つことを念願します．

2020 年 4 月

著者一同

目　　次

基礎的な用語，記号および事項

　本書で用いられる用語や記号や前提とされる基礎事項について簡潔にまとめる．これらは大学初年度の基礎課程の数学科目までの範囲で学んでいると思われる．

数と数の集合

　$\mathbb{N} = \{1, 2, 3, \ldots\}$: 自然数全体，$\mathbb{Z} = \{0, \pm 1, \pm 2, \pm 3, \ldots\}$: 整数全体

　$\mathbb{R}$: 実数全体，$\mathbb{C}$: 複素数全体，$\mathbb{Z}_+ = \{0, 1, 2, 3, \ldots\}$: 非負整数全体

区間　次のような $\mathbb{R}$ の部分集合を区間と呼ぶ．$a, b \in \mathbb{R}$ とする．

$$(a, b) = \{x \in \mathbb{R} \mid a < x < b\}, \quad [a, b] = \{x \in \mathbb{R} \mid a \leqq x \leqq b\}$$

$$[a, b) = \{x \in \mathbb{R} \mid a \leqq x < b\}, \quad (a, b] = \{x \in \mathbb{R} \mid a < x \leqq b\}$$

$$(a, \infty) = \{x \in \mathbb{R} \mid a < x\}, \quad [a, \infty) = \{x \in \mathbb{R} \mid a \leqq x\}$$

$$(-\infty, b] = \{x \in \mathbb{R} \mid x \leqq b\}, \quad (-\infty, b) = \{x \in \mathbb{R} \mid x < b\}$$

$$(-\infty, \infty) = \mathbb{R}$$

実数の集合 $\mathbb{R}$ の基本性質

　(i) 四則演算が備わっている（演算 $+, -, \times, \div$ の機能）

　(ii) 順序関係が備わっている（大小関係を表す不等号 $<, >, =$ のシステム）

　(iii) 連続性がある（切れ目がない）

　付録で (iii) について追加の解説をしているので参照されたい．

絶対値　実数 $x \in \mathbb{R}$ に対し $|x|$ を次のように定める．

$$|x| = \begin{cases} x & (\text{if} \quad x \geqq 0) \\ -x & (\text{if} \quad x < 0) \end{cases}$$

$|x|$ は x の絶対値と呼ばれ，0 以上の値を取り以下の性質が成立する．

$$|x\,y| = |x|\,|y|, \quad |x + y| \leqq |x| + |y| \quad (x, y \in \mathbb{R})$$

集合，包含関係　要素 x が集合 A に属することを $x \in A$ と表す．これは $A \ni x$ とも書く．$x \in A$ が成立しないことを $x \notin A$ と書く．集合 A, B に対し $A \subset B$ は A のすべての要素が B に属することを意味する．これは $B \supset A$ と同じ．A は B に含まれる，あるいは A は B の部分集合であるともいう．

集合算　E, F を集合とする．

(i) 集合 E と集合 F の交わりを $E \cap F$ と書く．これは E にも F にも属する要素の全体のことである．

(ii) 集合 E と集合 F の和集合を $E \cup F$ と書く．これは E または F に属する要素の

全体のことである．

(iii) 集合 E から集合 F を除いた差集合を $E \setminus F$ と書く．これは E に属し F に属さない要素の全体のことである．記号で表せば次のようになる．

$$E \setminus F = \{x \in E \mid x \notin F\}$$

これらについて以下の性質（**分配法則**）が成立する．

$$E \cap (F \cup G) = (E \cap F) \cup (E \cap G),$$

$$E \cup (F \cap G) = (E \cup F) \cap (E \cup G)$$

集合算で 2 つ以上の和や交わりも定まる．さらに無限個の和や交わりも可能である．すなわち $A_1, A_2, \ldots, A_N$ が $\mathbb{R}^n$ の部分集合の列としたとき，次の等式が成立する．

$$\bigcup_{j=1}^{N} A_j = \{x \in \mathbb{R}^n \mid \text{ある } j \in \{1, 2, \ldots, N\} \text{ に対して } x \in A_j\}$$

$$\bigcap_{j=1}^{N} A_j = \{x \in \mathbb{R}^n \mid \text{すべての } j \in \{1, 2, \ldots, N\} \text{ に対して } x \in A_j\}$$

和集合 $A_1 \cup A_2 \cup \cdots \cup A_N$ において，任意の異なる i, j に対して $A_i \cap A_j = \emptyset$ のとき上の和集合を**非交和**ということがある．

(iv) E と F の直積集合を次のように定める．

$$E \times F = \{(x, y) \mid x \in E, \ y \in F\}$$

3 つ以上の集合の直積も同様に定められる．直積集合は多次元のユークリッド空間を定める際にも現れる．

$$\mathbb{R}^2 = \mathbb{R} \times \mathbb{R} = \{(x_1, x_2) \mid x_1, x_2 \in \mathbb{R}\}$$

$$\mathbb{R}^3 = \mathbb{R} \times \mathbb{R} \times \mathbb{R} = \{(x_1, x_2, x_3) \mid x_1, x_2, x_3 \in \mathbb{R}\}$$

一般に集合 $A_1, A_2, \ldots, A_N$ の直積集合も定められて次のように表す．

$$\prod_{i=1}^{N} A_i = A_1 \times A_2 \times \cdots \times A_N$$

(i), (ii), (iii), (iv) などに現れる集合の操作を**集合算**という．

補集合　集合 $E \subset \mathbb{R}^n$ に対し $E^c = \mathbb{R}^n \setminus E$ とおく．これを E の**補集合**という．$(E^c)^c = E$ は明らかである．また $E \subset F$ と $E^c \supset F^c$ は同値になる．また，次の**ド・モルガンの法則**は有名である．

$$(E \cap F)^c = E^c \cup F^c, \quad (E \cup F)^c = E^c \cap F^c$$

論理，論理記号 2つの条件 P, Q があるとする．P が成立するならば Q が成立するとき，P は Q であるための**十分条件**という．また，Q は P であるための**必要条件**であるという．これを記号で

$$P \Longrightarrow Q$$

と記述する．また，これを $Q \Longleftarrow P$ と記述しても同じである．2つの条件 P, Q が $P \Longrightarrow Q$ かつ $P \Longleftarrow Q$ を両方満たすとき $P \Longleftrightarrow Q$ と記述し，P, Q は**同値**であるという言い方もする．

この記号を用いて集合算や直積における包含関係の性質を述べることができる．集合 E, F, G, H に対し次が成立する．

$$E \subset F, \ G \subset H \Longrightarrow (E \cup G) \subset (F \cup H), \ (E \cap G) \subset (F \cap H)$$

全称記号 $\forall$ 全称記号 $\forall$ も論理記号の1種で，条件式などで変数の範囲を明示するためよく用いられる．集合 X があるとして "すべての $x \in X$ について" を "$\forall x \in X$" と表す．文脈からすべての x で考えていることが判る場合には $\forall x \in X$ を単に $x \in X$ とする場合も多い．用例としてたとえば，関数 $f(x)$ が定義域 X のすべての x で正である条件を

$$f(x) > 0 \quad (\forall x \in X) \qquad \text{とか} \qquad f(x) > 0 \quad (x \in X)$$

などの表し方をする．

定義記号 $X := Y$ とは Y によって X を定義する，という意味．これは数，集合，関数やその他記号などを新たに定義する際に用いられる短縮記号である．

写像，関数 X, Y を集合として，各 $x \in X$ に対して Y のある要素 y を対応させる一定の規則（システム）を**写像**という．写像を f と書き，この対応関係を $y = f(x)$ などと表す．またこの状況を

$$f : X \longrightarrow Y$$

と表現する．X を**始集合**（または**定義域**），Y を**終集合**ともいう．また $X = Y$ のときは，写像 f は**変換**といわれる．写像のうち終集合 Y が数の集合の場合，特に $Y = \mathbb{R}$，$Y = \mathbb{C}$ などの場合を**関数**という．次に，写像 f に付随するいくつかの条件の定義を与える．

(i) 任意の $y \in Y$ に対し $f(x) = y$ なる $x \in X$ が存在するとき写像 f を**全射**という．

(ii) $x_1 \neq x_2$ となる任意の $x_1, x_2 \in X$ に対し $f(x_1) \neq f(x_2)$ となるとき写像 f を**単射**という．

(iii) 単射であり全射であるような写像を**全単射**であるという．

二項定理，多項定理

$$0! = 1, \ n! = n \cdot (n-1) \cdot (n-2) \cdots 3 \cdot 2 \cdot 1 \quad (n \in \mathbb{N}) \ (n \text{ の階乗})$$

$${}_m\mathrm{C}_p = \frac{m!}{(m-p)!\,p!} \quad (p \leqq m, \ m, p \in \mathbb{Z}_+) \qquad (\text{二項係数})$$

$$(X+Y)^m = \sum_{k=0}^{m} {}_m\mathrm{C}_k X^{m-k} Y^k \qquad (\text{二項定理})$$

$$(X_1 + X_2 + \cdots + X_n)^m = \sum_{k_1+k_2+\cdots+k_n=m} \frac{m!}{k_1!\,k_2!\cdots k_n!} X_1^{k_1} X_2^{k_2} \cdots X_n^{k_n}$$

上の和において $k_i \in \mathbb{Z}_+ \ (1 \leqq i \leqq n)$ である．これは**多項定理**といわれる．

代表的な極限

$$\lim_{x \to 0} \frac{\sin x}{x} = 1, \quad \lim_{x \to 0} \frac{e^x - 1}{x} = 1$$

$$\lim_{x \to \infty} \frac{x^\alpha}{(1+\beta)^x} = 0, \quad \lim_{x \to \infty} \frac{(\log x)^\alpha}{x^\beta} = 0 \quad (\text{但し}\,\alpha, \beta \text{は任意の正定数})$$

指数関数，三角関数のマクローリン展開

$$e^x = 1 + x + \frac{x^2}{2!} + \frac{x^3}{3!} + \cdots = \sum_{m=0}^{\infty} \frac{x^m}{m!}$$

$$\sin x = x - \frac{x^3}{3!} + \frac{x^5}{5!} + \cdots = \sum_{m=1}^{\infty} \frac{(-1)^{m-1} x^{2m-1}}{(2m-1)!}$$

$$\cos x = 1 - \frac{x^2}{2!} + \frac{x^4}{4!} - \cdots = \sum_{m=0}^{\infty} \frac{(-1)^m x^{2m}}{(2m)!}$$

オイラーの公式 $\quad e^{ix} = \cos x + i \sin x$

ガンマ関数，ベータ関数

$$\boldsymbol{\Gamma}(x) := \int_0^\infty e^{-t} t^{x-1} \, dt \quad (x > 0) \quad (\text{ガンマ関数})$$

$$\boldsymbol{B}(x, y) := \int_0^1 t^{x-1} (1-t)^{y-1} \, dt \quad (x, y > 0) \quad (\text{ベータ関数})$$

ガンマ関数とベータ関数の代表的性質

$$\boldsymbol{\Gamma}(x+1) = x\,\boldsymbol{\Gamma}(x) \ (x > 0), \ \boldsymbol{\Gamma}(n+1) = n! \ (n \in \mathbb{Z}_+), \ \boldsymbol{\Gamma}\left(\frac{1}{2}\right) = \sqrt{\pi}$$

$$\boldsymbol{B}(x, y) = 2 \int_0^{\frac{\pi}{2}} (\cos \theta)^{2x-1} (\sin \theta)^{2y-1} \, d\theta \quad (\text{ベータ関数の別表現})$$

$$\boldsymbol{B}(x, y) = \frac{\boldsymbol{\Gamma}(x)\boldsymbol{\Gamma}(y)}{\boldsymbol{\Gamma}(x+y)} \quad (\text{関数等式})$$

極座標 （2 次元版）$\mathbb{R}^2$ の点 (x_1, x_2) を変数 $r \geqq 0, \theta \in [0, 2\pi)$ によって

$$x_1 = r\cos\theta, \qquad x_2 = r\sin\theta$$

と表現することを**極座標表示**という.

（3 次元版）$\mathbb{R}^3$ の点 (x_1, x_2, x_3) を変数 $r \geqq 0, \phi \in [0, 2\pi), \theta \in [0, \pi]$ によって

$$x_1 = r\cos\phi\sin\theta, \quad x_2 = r\sin\phi\sin\theta, \quad x_3 = r\cos\theta$$

と表現することを**極座標表示**という.

最大値，最小値 実数 a, b に対して

$$\max(a,b) = \begin{cases} b & (\text{if} \quad a \leqq b) \\ a & (\text{if} \quad a > b) \end{cases}, \quad \min(a,b) = \begin{cases} a & (\text{if} \quad a \leqq b) \\ b & (\text{if} \quad a > b) \end{cases}$$

とおく. これを用いて実数 x の絶対値を $|x| = \max(x, (-x))$ と表現できる.

$$\max(a,b) = \frac{1}{2}(a+b+|a-b|), \qquad \min(a,b) = \frac{1}{2}(a+b-|a-b|)$$

の関係も成立する. 3 つ以上の実数 $a_1, a_2, \ldots, a_n$ の最大値は帰納法で

$$\max(a_1, a_2, \ldots, a_n) = \max(\max(a_1, a_2, \ldots, a_{n-1}), a_n)$$

と定めることができる. 最小値についても同様に帰納法で定まる.

$$\min(a_1, a_2, \ldots, a_n) = \min(\min(a_1, a_2, \ldots, a_{n-1}), a_n)$$

実数からなる集合 E が有限集合（要素が有限個）ならば最大値 $\max E$ と最小値 $\min E$ が定まる. 一般に最大値や最小値は以下のように特徴付けられる.

$a = \max E$ とは，2 条件 $a \in E$ かつ $a \geqq x \ (\forall x \in E)$ が成立すること，
$b = \min E$ とは，2 条件 $b \in E$ かつ $b \leqq x \ (\forall x \in E)$ が成立すること.

E が無限集合（要素が有限個でない）の場合は，最大値や最小値は一般には定まらない. それを補うものとして，上限 $\sup E$，下限 $\inf E$ という概念がある.

上限，下限，変動量 空でない $\mathbb{R}$ の部分集合 E に対して，**上限，下限**を定める.

$$\sup E = 集合 E の上限 := \text{``}d \geqq x \ (\forall x \in E)\text{''} となるような d の最小値$$

$$\inf E = 集合 E の下限 := \text{``}c \leqq x \ (\forall x \in E)\text{''} となるような c の最大値$$

$\max E$ が存在するときには $\sup E = \max E$ となる. $\max E$ が存在しない場合でも $\sup E$ を定めることができる. たとえば，半開区間 $I = [a, b)$ に対しては，最大値はないが $\sup I = b$ である. 集合 E の中での値の**変動量**も大事な値である.

$$\text{var}\,E = \text{集合}\,E\,\text{の変動量} = \sup\{|x - y| \mid x, y \in E\}$$

結果的に $\text{var}\,E = \sup E - \inf E$（2.3 節の例題 2.3 を参照）が成立する.

直径 多次元の集合 $D \subset \mathbb{R}^n$ の中での点の変動もよく用いられる．幾何学的には図形の直径に相当する.

$$\text{Diam}(D) = \sup\{|x - y| \mid x, y \in D\}$$

追加の説明が 2.1 節にもあるので参照されたい.

面積，体積の記号 2 次元の図形 D の面積を $\text{Area}(D)$ で表す．D が長方形の場合には "底辺 × 高さ" で計算される．三角形の場合は "底辺 × 高さ × $\frac{1}{2}$" である．3 次元の空間の立体 D の体積を $\text{Vol}(D)$ で表す．直方体の場合は "底面積 × 高さ" で計算される．三角錐の場合は "底面積 × 高さ × $\frac{1}{3}$" である.

関数の台（support） $\mathbb{R}^n$ における関数 f に対して，その台を次のように定める.

$$\text{supp}(f) = \text{集合}\,\{x \mid f(x) \neq 0\}\,\text{の閉包}$$

集合 A の閉包とは A にその境界を加えたものである．これらの用語については 2.1 節を参照のこと.

行列の記号 $m \times n$ の実数成分の行列の全体を $M_{mn}(\mathbb{R})$ と書く．$A \in M_{mn}(\mathbb{R})$ に対して，その**転置行列**を A^T と表す．A の (i, j) 成分は，A^T の (j, i) 成分になっていること，また $A^T \in M_{nm}(\mathbb{R})$ に注意しよう．$A \in M_{mn}(\mathbb{R}), C \in M_{n\ell}(\mathbb{R})$ に対して

$$(AC)^T = C^T A^T$$

となり，もし $A \in M_{mm}(\mathbb{R})$ が逆行列 A^{-1} をもつならば

$$(A^T)^{-1} = (A^{-1})^T$$

が成立する．これらの性質は直接計算で確認できる.

クロネッカーのデルタ記号

$$\delta(i, j) = \begin{cases} 1 & (i = j) \\ 0 & (i \neq j) \end{cases}$$

　以上は数学の基礎的な用語や事項や知識である．詳しくは文献リストにある参考書等（佐武 [0]，神保–本多 [1]，黒田 [3]，数学辞典 [11] など）を参照されたい.

第 1 章
空間のベクトルと図形

多次元ユークリッド空間内の集合における関数やその性質を論じる際に必要になるベクトルの代数および幾何的な性質をまとめる. それらはベクトル解析の公式や計算に必要となる. これらの知識は線形代数学や幾何学の基礎事項に属している. より詳しくは佐武 [0] を参照されたい.

1.1 空間ベクトル

空間の中に 2 点 P, Q を任意に取り線分 PQ を考える. この線分に P から Q に向かう方向（矢印）を与える（図 1.1）. この矢印付き線分を**有向線分**あるいは**矢線**という. P を**始点**, Q を**終点**といい, この有向線分を $\overrightarrow{PQ}$ と表す. 直観的にはこの有向線分自体を, ベクトル（あるいは幾何ベクトル）と思っても良い. ここでは推論の精密化のため以下の議論をする. この 2 点 P, Q を平行移動して P', Q' とおく（図 1.1）. 移動した 2 点によってできる有向線分 $\overrightarrow{P'Q'}$ は, 場所は移動しているが, 有向線分としての本質は $\overrightarrow{PQ}$ と同じものである. それは向きおよび長さは変化していないからである. よって, 平行移動で移り合う有向線分同士を同一視してひとまとめにして 1 つのベクトルと考えるのである. 座標系を導入することでこの部分を吟味する. 3 次元空間の点の座標を (x_1, x_2, x_3) などで表す. 2 点 P, Q を座標で $P = (p_1, p_2, p_3)$, $Q = (q_1, q_2, q_3)$ とする. 有向線分 $\overrightarrow{PQ}$ に対し, 以下の量

$$\boldsymbol{v}(P, Q) = \begin{pmatrix} q_1 - p_1 \\ q_2 - p_2 \\ q_3 - p_3 \end{pmatrix}$$

1

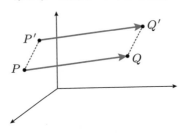

図 1.1　有向線分の平行移動と相等

を定める[†]. さて P, Q を平行移動して P', Q' を作ってやれば, 座標の成分をみて適当な t_1, t_2, t_3 によって

$$P' = (p_1 + t_1, p_2 + t_2, p_3 + t_3), \quad Q' = (q_1 + t_1, q_2 + t_2, q_3 + t_3)$$

と表せる. このとき新たな矢線 $\overrightarrow{P'Q'}$ に対応する $\boldsymbol{v}(P', Q')$ を作ってやれば

$$\boldsymbol{v}(P', Q') = \begin{pmatrix} (q_1 + t_1) - (p_1 + t_1) \\ (q_2 + t_2) - (p_2 + t_2) \\ (q_3 + t_3) - (p_3 + t_3) \end{pmatrix} = \begin{pmatrix} q_1 - p_1 \\ q_2 - p_2 \\ q_3 - p_3 \end{pmatrix}$$

となり, $\boldsymbol{v}(P, Q), \boldsymbol{v}(P', Q')$ は一致する. よって, 平行移動して移り合う有向線分同士を同一視してできる類[‡] を 1 つのベクトルとする (図 1.1 参照). 以上から 3 次元ユークリッド空間 (3 次元の座標空間) におけるベクトルは 3 つの実数成分をもつ

$$\boldsymbol{a} = \begin{pmatrix} a_1 \\ a_2 \\ a_3 \end{pmatrix}$$

の形のものに一意的に表現される. 逆に, このベクトルに対して点 $A = (a_1, a_2, a_3)$ を考えれば始点が原点 $O = (0, 0, 0)$ で, 終点を A とする矢線 $\overrightarrow{OA}$ が $\boldsymbol{a}$ を代表している. ベクトルは各成分は実数値ということでこれら全体

[†] 点の座標成分は横, 幾何ベクトルは縦に表示することが多い.

[‡] これを同値類という.

も $\mathbb{R}^3$ と書く. $x_1 x_2 x_3$ 座標空間も $\mathbb{R}^3$ と書かれるが, 混乱が生じることはない. なぜならば上の対応で座標空間の点 A と, 始点が原点 O で終点が A の矢線 $\overrightarrow{OA}$ が代表するベクトル $\boldsymbol{a}$ が 1 対 1 に対応しているからである.

ベクトルの演算　3 次元空間のベクトルの全体 $\mathbb{R}^3$ に演算を導入する. 2 つのベクトル

$$\boldsymbol{a} = \begin{pmatrix} a_1 \\ a_2 \\ a_3 \end{pmatrix}, \quad \boldsymbol{b} = \begin{pmatrix} b_1 \\ b_2 \\ b_3 \end{pmatrix}$$

および実数 α に対して, その和および定数倍を

$$\boldsymbol{a} + \boldsymbol{b} = \begin{pmatrix} a_1 + b_1 \\ a_2 + b_2 \\ a_3 + b_3 \end{pmatrix} \quad (\text{和}), \qquad \alpha\,\boldsymbol{a} = \begin{pmatrix} \alpha\,a_1 \\ \alpha\,a_2 \\ \alpha\,a_3 \end{pmatrix} \quad (\text{定数倍})$$

と定義する. これはベクトル空間のもつ基本演算である (図 **1.2** 参照).

位置ベクトル　空間 $\mathbb{R}^3$ の点 $P = (p_1, p_2, p_3)$ に対して, ベクトル

$$\overrightarrow{OP} = \begin{pmatrix} p_1 \\ p_2 \\ p_3 \end{pmatrix}$$

を対応させる. これを点 P に対応する**位置ベクトル**という. この対応は空間の点とベクトルを全体として 1 対 1 に対応させ, これによって, 状況に応じて空間の点を位置ベクトルを読み替えて演算や集合の記述に利用できる.

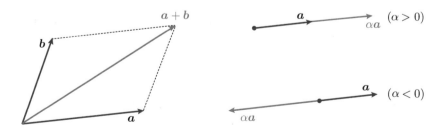

図 **1.2**　ベクトルの和と定数倍

ベクトルと計量　ベクトルに対して幾何的な量（計量）である内積を定める．まず 2 つのベクトル $\boldsymbol{a}$, $\boldsymbol{b}$ に対して，その長さは成分表示

$$
\boldsymbol{a} = \begin{pmatrix} a_1 \\ a_2 \\ a_3 \end{pmatrix}, \quad \boldsymbol{b} = \begin{pmatrix} b_1 \\ b_2 \\ b_3 \end{pmatrix}
$$

を利用して，

$$
|\boldsymbol{a}| = \sqrt{a_1^2 + a_2^2 + a_3^2}, \quad |\boldsymbol{b}| = \sqrt{b_1^2 + b_2^2 + b_3^2}
$$

となる．そこでベクトルの**内積** $(\boldsymbol{a}, \boldsymbol{b})$ は，そのなす角を $\theta \in [0, \pi]$ として

$$
(\boldsymbol{a}, \boldsymbol{b}) = |\boldsymbol{a}|\,|\boldsymbol{b}| \cos\theta
$$

で定義される．この内積 $(\boldsymbol{a}, \boldsymbol{b})$ をベクトルの成分だけで表示する．三角形の余弦定理

$$
|\boldsymbol{b} - \boldsymbol{a}|^2 = |\boldsymbol{b}|^2 + |\boldsymbol{a}|^2 - 2|\boldsymbol{a}||\boldsymbol{b}| \cos\theta
$$

を用いて（図 1.3 参照）

$$
(b_1 - a_1)^2 + (b_2 - a_2)^2 + (b_3 - a_3)^2 = a_1^2 + a_2^2 + a_3^2 + b_1^2 + b_2^2 + b_3^2 - 2|\boldsymbol{a}||\boldsymbol{b}| \cos\theta
$$

を得ることができる．これを計算して整理すると

$$
|\boldsymbol{a}||\boldsymbol{b}| \cos\theta = a_1 b_1 + a_2 b_2 + a_3 b_3
$$

で内積の成分表示が得られる．まとめると以下の命題となる．

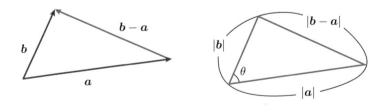

図 1.3　ベクトルと三角形

命題 1.1 ベクトル $\boldsymbol{a}, \boldsymbol{b} \in \mathbb{R}^3$ に対して，次が成立する．

$$(\boldsymbol{a}, \boldsymbol{b}) = a_1 b_1 + a_2 b_2 + a_3 b_3$$

この命題から内積に関する基本性質（対称性，線形性）がすぐ従う．

命題 1.2 ベクトル $\boldsymbol{a}, \boldsymbol{b}, \boldsymbol{c} \in \mathbb{R}^3$ と定数 $\alpha, \beta \in \mathbb{R}$ に対して，次が成立する．

$$(\boldsymbol{a}, \boldsymbol{b}) = (\boldsymbol{b}, \boldsymbol{a}), \quad (\alpha \boldsymbol{a} + \beta \boldsymbol{b}, \boldsymbol{c}) = \alpha (\boldsymbol{a}, \boldsymbol{c}) + \beta (\boldsymbol{b}, \boldsymbol{c})$$

ベクトルの長さと内積の関係は以下で与えられている．

命題 1.3 任意の $\boldsymbol{a}, \boldsymbol{b} \in \mathbb{R}^3$ に対して，次の等式が成立する．

$$|\boldsymbol{a}| = (\boldsymbol{a}, \boldsymbol{a})^{\frac{1}{2}}, \quad (\boldsymbol{a}, \boldsymbol{b}) = \frac{1}{4}(|\boldsymbol{a} + \boldsymbol{b}|^2 - |\boldsymbol{a} - \boldsymbol{b}|^2)$$

証明 最初の式はベクトルの長さの定義そのものである．2番目の式は内積の線形性と対称性（命題 1.2）によって得られる式

$$(\boldsymbol{a} + \boldsymbol{b}, \boldsymbol{a} + \boldsymbol{b}) = (\boldsymbol{a}, \boldsymbol{a}) + 2(\boldsymbol{a}, \boldsymbol{b}) + (\boldsymbol{b}, \boldsymbol{b}),$$
$$(\boldsymbol{a} - \boldsymbol{b}, \boldsymbol{a} - \boldsymbol{b}) = (\boldsymbol{a}, \boldsymbol{a}) - 2(\boldsymbol{a}, \boldsymbol{b}) + (\boldsymbol{b}, \boldsymbol{b})$$

について辺々引き算をして

$$|\boldsymbol{a} + \boldsymbol{b}|^2 - |\boldsymbol{a} - \boldsymbol{b}|^2 = 4(\boldsymbol{a}, \boldsymbol{b})$$

を得る．■

注意 定義から $(\boldsymbol{a}, \boldsymbol{b}) = 0$ は $\boldsymbol{a} \perp \boldsymbol{b}$（直交）と同値となる．

1.2　ベクトルの線形独立性

2つのベクトル $a, b \in \mathbb{R}^3$ が平行である状況を考察する．このことは0でない適当な定数 α を用いて $a = \alpha b$ または $\alpha a = b$ と関係付けられることと同値である．この条件は1つの式を用いて次のように言い換えることができる．

（条件）　$(0,0)$ でない定数の組 (α, β) を用いて $\alpha a + \beta b = 0$ とできる．

この条件をもって，ベクトル a, b は**線形従属**であるということにする．上の形の式を**線形関係式**という†．

この状況の逆の条件を与えよう．上の条件の否定を考えることで次を得る．すなわち線形従属でないことの条件は次の通り．

（条件）　$\alpha a + \beta b = 0$ となる定数の組 (α, β) は $(0,0)$ に限られる（図1.4 参照）．

この条件をもって，ベクトル a, b は**線形独立**であるということにする．

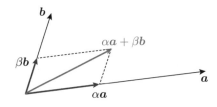

図 1.4　a, b が線形独立となるケース

3つのベクトルの場合にも線形独立の条件を設定して幾何的な意味を検討する．

定義　3つのベクトル $a, b, c \in \mathbb{R}^3$ の組が，線形独立§ であることを次のように定める．

　　　　『定数の組 (α, β, γ) で $\alpha a + \beta b + \gamma c = 0$ を満たすものは
　　　　$(0,0,0)$ に限られる』

これは3つのうち任意のベクトルが，他の2つのベクトルの作る平面には収まらないことを意味している．ここで注意すべきことは線形独立性は個々のベ

---

†これを，非自明な線形関係がある，という言い方もする．

§一次独立ともいう．

クトルに与えられる性質ではなくベクトルの族（あるいは集団）に与えられる性質であることである．任意のベクトルをこの線形独立な 3 つのベクトルを用いて表すことができる．実際以下のことが成立する．

│命題 1.4　3 つのベクトル $a, b, c \in \mathbb{R}^3$ が線形独立であることと，任意のベクトル $v \in \mathbb{R}^3$ に対して一意に α, β, γ があって

$$v = \alpha a + \beta b + \gamma c$$

と表されることは同値である（証明は省略．線形代数学の教科書を参照のこと）．

　│例│　以下の基本単位ベクトルは線形独立となる（標準基本単位ベクトルともいわれる）．

$$e_1 = \begin{pmatrix} 1 \\ 0 \\ 0 \end{pmatrix}, \quad e_2 = \begin{pmatrix} 0 \\ 1 \\ 0 \end{pmatrix}, \quad e_3 = \begin{pmatrix} 0 \\ 0 \\ 1 \end{pmatrix}$$

┌─ 例題 1.1 ──────────────

以下の 3 つのベクトル a, b, c は線形独立であるか，そうでないかを判定せよ．

$$a = \begin{pmatrix} 1 \\ -1 \\ 0 \end{pmatrix}, \quad b = \begin{pmatrix} 0 \\ 3 \\ 2 \end{pmatrix}, \quad c = \begin{pmatrix} -2 \\ 1 \\ 1 \end{pmatrix}$$

　【解　答】　線形関係式 $\alpha a + \beta b + \gamma c = 0$ を分析する．これは α, β, γ を未知数とする連立方程式と見なせる．

$$\alpha \begin{pmatrix} 1 \\ -1 \\ 0 \end{pmatrix} + \beta \begin{pmatrix} 0 \\ 3 \\ 2 \end{pmatrix} + \gamma \begin{pmatrix} -2 \\ 1 \\ 1 \end{pmatrix} = \begin{pmatrix} 0 \\ 0 \\ 0 \end{pmatrix} \iff \begin{pmatrix} 1 & 0 & -2 \\ -1 & 3 & 1 \\ 0 & 2 & 1 \end{pmatrix} \begin{pmatrix} \alpha \\ \beta \\ \gamma \end{pmatrix} = \begin{pmatrix} 0 \\ 0 \\ 0 \end{pmatrix}$$

これを解いて $(\alpha, \beta, \gamma) = (0, 0, 0)$ となるので，線形関係式は自明なものしか可能ではないことになり線形独立性が成立する．

1.3 直線，平面と線形方程式

本節では3次元空間内の直線や平面とそれを表現する方程式を考察する.

直線 ゼロでないベクトル $\boldsymbol{a}$ を選んでおく. 空間内の任意の点 P を取って固定する. 実数パラメータ t を取る.

$$X = P + t\boldsymbol{a} \quad (t \in \mathbb{R})$$

t を様々に変化させて得られる X の全体は1次元の自由度をもつ集合となる. この式における X, P は点であるが位置ベクトルとして解釈されていることに注意しよう（それによってベクトルの演算が成立している）. 具体的には P を基点としてベクトル $\boldsymbol{a}$ の方向に自由に移動できるので X の動く範囲は直線となる. これが直線のパラメータによる表示法である. 点 X, P の座標を $X = (x_1, x_2, x_3)$, $P = (p_1, p_2, p_3)$ とする. ベクトル $\boldsymbol{a}$ を $\boldsymbol{a} = \begin{pmatrix} a_1 \\ a_2 \\ a_3 \end{pmatrix}$ と成分に表示すると

$$\frac{x_1 - p_1}{a_1} = \frac{x_2 - p_2}{a_2} = \frac{x_3 - p_3}{a_3}$$

が**直線の方程式**となる.

注意 上では $a_1 \neq 0, a_2 \neq 0, a_3 \neq 0$ を仮定している. もし $a_1 \neq 0, a_2 \neq 0, a_3 = 0$ ならば方程式は

$$\frac{x_1 - p_1}{a_1} = \frac{x_2 - p_2}{a_2}, \quad x_3 = p_3$$

となる. また $a_1 \neq 0, a_2 = 0, a_3 = 0$ ならば方程式は，単に $x_2 = a_2, x_3 = a_3$ となる.

平面 2つのベクトル $\boldsymbol{a}, \boldsymbol{b} \in \mathbb{R}^3$ を選んでおく. これは線形独立と仮定する. 点 P を任意に取って固定する. 実数パラメータ t, s を取る.

$$X = P + t\boldsymbol{a} + s\boldsymbol{b} \quad (t, s \in \mathbb{R})$$

t, s を様々に変化させて得られる X の全体は2次元の自由度をもつ集合となる. 具体的には P を基点として2つの方向 $\boldsymbol{a}, \boldsymbol{b}$ に自由に移動できるので X の動く範囲は平面となる. これが2次元平面のパラメータによる表示法である. 次に平面の方程式を求める. 2つのベクトル $\boldsymbol{a}, \boldsymbol{b}$ の両方に直交する長さ1のベク

トル n を取る．パラメータの式と内積を取ることで t, s によらず成立する条件

$$(X - P, n) = 0$$

を得る．座標を $X = (x_1, x_2, x_3)$, $P = (p_1, p_2, p_3)$, $n = \begin{pmatrix} n_1 \\ n_2 \\ n_3 \end{pmatrix}$ として

$$n_1(x_1 - p_1) + n_2(x_2 - p_2) + n_3(x_3 - p_3) = 0$$

を得る．これを満たす X は $\overrightarrow{XP} \perp n$ を満たさなければならないので，点 X は P を通る n に垂直な平面内に限定されることがわかる．以上により上記の条件が**平面の方程式**となることになる．n は平面に垂直なベクトルとなり**法線ベクトル**と呼ばれ平面を特徴付ける重要な指標となる（図 **1.5** 参照）．

　次に $(a_1, a_2, a_3) \neq (0, 0, 0)$ として一次式

$$a_1 x_1 + a_2 x_2 + a_3 x_3 = c$$

を考える．ここで $n_i = \frac{a_i}{\sqrt{a_1^2 + a_2^2 + a_3^2}}$ とおいて $n = (n_1, n_2, n_3)$ とすれば，これは単位ベクトル（長さ 1 のベクトルのこと）となる．そして $P = (p_1, p_2, p_3)$ を

$$(n, P) = \frac{c}{\sqrt{a_1^2 + a_2^2 + a_3^2}}$$

を満たすように取れば $X = (x_1, x_2, x_3)$ が満たす方程式は

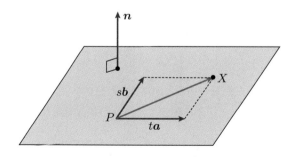

図 **1.5**　法線ベクトルと平面の表現

$$(\boldsymbol{n}, X - P) = 0$$

と記述できる.

これによって一次式で表される方程式が平面と等価であることが得られた.

例題 1.2

点 $P = (p_1, p_2, p_3)$ から平面 $H : \alpha x_1 + \beta x_2 + \gamma x_3 = d$（但し, $(\alpha, \beta, \gamma) \neq (0,0,0)$）へ下ろした垂線の長さ ℓ は, 次で与えられることを示せ.

$$\ell = \frac{|\alpha p_1 + \beta p_2 + \gamma p_3 - d|}{\sqrt{\alpha^2 + \beta^2 + \gamma^2}}$$

【**解　答**】　H の長さ 1 の法線ベクトル $\boldsymbol{n}$ は

$$\boldsymbol{n} = \frac{1}{\sqrt{\alpha^2 + \beta^2 + \gamma^2}} \begin{pmatrix} \alpha \\ \beta \\ \gamma \end{pmatrix}$$

となり, これを用いて H の方程式を書き換えると

$$(\boldsymbol{n}, x - P) = \frac{d - \alpha p_1 - \beta p_2 - \gamma p_3}{\sqrt{\alpha^2 + \beta^2 + \gamma^2}}$$

となる. 右辺を d' とおく. P から H へ下ろした垂線の足を Q とし H 上の点 x が Q に一致したとすると $x = Q$ を代入して $(\boldsymbol{n}, \overrightarrow{PQ}) = d'$. これより

$$|\boldsymbol{n}| |\overrightarrow{PQ}| \cos\theta = d'$$

θ は $\boldsymbol{n}$ と $\overrightarrow{PQ}$ がなす角であるがこの 2 つのベクトルが平行であることから $\theta = 0$ または $\theta = \pi$ となるから $|\overrightarrow{PQ}| = |d'|$ を得る.

空間内の平行四辺形, 三角形　前項と同様に線形独立な 2 つのベクトル $\boldsymbol{a}, \boldsymbol{b} \in \mathbb{R}^3$ を選び, さらに, 点 P を任意に固定する. この状況で集合

$$E = \{P + t\boldsymbol{a} + s\boldsymbol{b} \mid 0 \leqq t \leqq 1, \, 0 \leqq s \leqq 1\}$$

とおくとこれは P を頂点の 1 つとする, ベクトル $\boldsymbol{a}, \boldsymbol{b}$ で生成される平行四辺

形となる．また

$$T = \{ P + t\,\boldsymbol{a} + s\,\boldsymbol{b} \mid 0 \leqq t,\ 0 \leqq s,\ s + t \leqq 1 \}$$

は三角形となる．これは E を対角線で 2 分割した一方となっている．

線形方程式

◆ **2 連立系** $a_1, a_2, a_3, b_1, b_2, b_3, d_1, d_2$ を実数定数として，連立一次方程式

$$\begin{cases} a_1\,x_1 + a_2\,x_2 + a_3\,x_3 = d_1 \\ b_1\,x_1 + b_2\,x_2 + b_3\,x_3 = d_2 \end{cases}$$

(但し $(a_1, a_2, a_3) \neq (0, 0, 0),\ (b_1, b_2, b_3) \neq (0, 0, 0)$) を考える．前項の考察により，それぞれの方程式は 3 次元空間 $\mathbb{R}^3$ 内の平面を表す．連立方程式の解は 2 つの平面の交わりに対応することになる．よって連立方程式の解の存在や解の構造を幾何的に考察することができる．3 次元の空間の 2 つの平面の関係は幾何的な考察により 3 通りに場合分けされる．

(i) 2 平面が平行でない場合：交わりは直線となる

(ii-1) 2 平面が平行の場合：一致する

(ii-2) 2 平面が平行の場合：一致しないとき交わりは空集合，方程式に解はない．

例題 1.3

2 つの平面 $H_1 : x_1 + x_2 + x_3 = 1,\ H_2 : -2x_1 + x_2 + 2x_3 = 0$ に対して $H_1 \cap H_2$ のなす直線の方程式を求めよ．その直線上の点で原点 $(0, 0, 0)$ に最も近い点を求めよ．

【解　答】 H_1, H_2 を連立して交点のパラメータ表示を求める．$x_1 = t$ として

$$x_2 + x_3 = 1 - t, \quad x_2 + 2x_3 = 2t$$

となるから $x_3 = 3t - 1, x_2 = 2 - 4t$ となる．直線 $\ell = H_1 \cap H_2$ のパラメータ表示は $\ell : x_1 = t, x_2 = 2 - 4t, x_3 = 3t - 1$ となり，方程式で表示すると

$$x_1 = \frac{-x_2 + 2}{4} = \frac{x_3 + 1}{3}$$

となる. ℓ 上の点と原点との距離の 2 乗を t で表示する.

$$
\begin{aligned}
x_1^2 + x_2^2 + x_3^2 &= t^2 + (2 - 4t)^2 + (3t - 1)^2 \\
&= 26t^2 - 22t + 5 \\
&= 26\left(t - \frac{11}{26}\right)^2 + \frac{9}{26}
\end{aligned}
$$

これは $t = \frac{11}{26}$ のとき最小となる. そのときの ℓ 上の点は $\left(\frac{11}{26}, \frac{4}{13}, \frac{7}{26}\right)$ である.

◆ 3 連立系　$a_{ij} \in \mathbb{R}, d_i \in \mathbb{R}$ $(1 \leqq i, j \leqq 3)$ に対して連立方程式

$$
\begin{cases}
a_{11}\,x_1 + a_{12}\,x_2 + a_{13}\,x_3 = d_1 \\
a_{21}\,x_1 + a_{22}\,x_2 + a_{23}\,x_3 = d_2 \\
a_{31}\,x_1 + a_{32}\,x_2 + a_{33}\,x_3 = d_3
\end{cases}
$$

を考えてみよう. この方程式の解は 3 つの平面の交わりに対応する. 一般には解が存在しないこともあり得る. もし 3 つの平面の法線ベクトル

$$(a_{11}, a_{12}, a_{13})^T,\ (a_{21}, a_{22}, a_{23})^T,\ (a_{31}, a_{32}, a_{33})^T$$

が線形独立なら 3 平面は 1 点で交わることになる. これは係数行列 $A = (a_{ij})_{1 \leq i,j \leq 3}$ が逆行列をもつこと（正則行列）と同値となる.

1.4 ベクトルの直交射影，直交分解

直線への正射影　ベクトル e が $|e| = 1$ を満たすと仮定する．ベクトル a に対して，新たなベクトル $a' = (a, e)\, e$ を考察する．$\theta \in [0, \pi]$ を a, e のなす角とすれば

$$a' = |a|\, (\cos\theta)\, e$$

だから a を e を含む直線 $L = \{t\, e \mid t \in \mathbb{R}\}$ に正射影したものになる（図 1.6 参照）．一方

$$a'' = a - (a, e)\, e$$

とおけば

$$a = a' + a'', \quad a' \perp a'' \text{（直交分解）}$$

となる．実際，直接内積の性質を用いて計算を行うと

$$
\begin{aligned}
(a', a'') &= ((a, e)\, e, a - (a, e)\, e) \\
&= (a, e)\, (e, a - (a, e)\, e) \\
&= (a, e) \left\{ (e, a) - (a, e)|e|^2 \right\} \\
&= (a, e) \left\{ (a, e) - (a, e) \right\} = 0
\end{aligned}
$$

がわかるからである．

ここで得られた写像 $a \longmapsto a'$ を直線 L への**正射影**という．

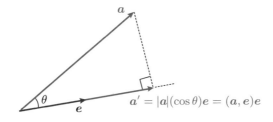

図 1.6　ベクトルの直線への正射影

平面への正射影　2 つのベクトル e_1, e_2 は $|e_1| = 1$, $|e_2| = 1$, $e_1 \perp e_2$ を満たすとする. ベクトル a に対して, 新たなベクトル

$$a' = (a, e_1)e_1 + (a, e_2)e_2 \in H$$

を考える. ここで $H = \{t_1 e_1 + t_2 e_2 \mid t_1, t_2 \in \mathbb{R}\}$ とした. 一方

$$a'' = a - (a, e_1)\, e_1 - (a, e_2)\, e_2$$

とおけば

$$a = a' + a'', \quad a' \perp a'' \,(直交分解)$$

となる. これも簡単に確認できる.

　上で得られた写像 $a \longmapsto a'$ を平面 H への**正射影**という（図 1.7 参照）.

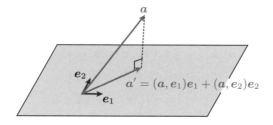

図 1.7　ベクトルの平面への正射影

問 1.1　$\mathbb{R}^3$ の 2 つのベクトルを a, b とする. $O = (0,0,0)$ および $\overrightarrow{OA} = a$, $\overrightarrow{OB} = b$ によって定まる A, B を定めるとき, 三角形 OAB の面積 S を $|a|, |b|, (a, b)$ を用いて表せ.

1.5 3次元ベクトルの外積

3次元のベクトルに対しては外積という便利なものがある．2つのベクトルが与えられたとき双方に直交するベクトルを簡単に作成できる．

定義（**外積**）　2つのベクトル

$$\boldsymbol{a} = \begin{pmatrix} a_1 \\ a_2 \\ a_3 \end{pmatrix}, \quad \boldsymbol{b} = \begin{pmatrix} b_1 \\ b_2 \\ b_3 \end{pmatrix}$$

に対して，**外積**を以下で定める．

$$\boldsymbol{a} \times \boldsymbol{b} = \begin{pmatrix} a_2 b_3 - a_3 b_2 \\ a_3 b_1 - a_1 b_3 \\ a_1 b_2 - a_2 b_1 \end{pmatrix}$$

命題 1.5　ベクトル $\boldsymbol{a}, \boldsymbol{b}$ に対し

$$(\boldsymbol{a} \times \boldsymbol{b}, \boldsymbol{a}) = 0, \quad (\boldsymbol{a} \times \boldsymbol{b}, \boldsymbol{b}) = 0$$

が成立する．

この等式から $\boldsymbol{a} \times \boldsymbol{b} \perp \boldsymbol{a}$, $\boldsymbol{a} \times \boldsymbol{b} \perp \boldsymbol{b}$ が従う．よって $\boldsymbol{a} \times \boldsymbol{b}$ は $\boldsymbol{a}$ と $\boldsymbol{b}$ が生成する平面と直交するベクトルであることがわかる．

命題 1.6　$\alpha, \beta \in \mathbb{R}$, $\boldsymbol{a}, \boldsymbol{b}, \boldsymbol{c} \in \mathbb{R}^3$ に対して，次が成立する．

$$(\alpha \boldsymbol{a} + \beta \boldsymbol{b}) \times \boldsymbol{c} = \alpha (\boldsymbol{a} \times \boldsymbol{c}) + \beta (\boldsymbol{b} \times \boldsymbol{c}), \quad \boldsymbol{a} \times \boldsymbol{b} = -(\boldsymbol{b} \times \boldsymbol{a})$$

ベクトルの成分を用いて計算で確かめられる．

命題 1.7　$\boldsymbol{a}, \boldsymbol{b}, \boldsymbol{c} \in \mathbb{R}^3$ に対し

$$(\boldsymbol{a}, \boldsymbol{b} \times \boldsymbol{c}) = (\boldsymbol{c}, \boldsymbol{a} \times \boldsymbol{b}) = (\boldsymbol{b}, \boldsymbol{c} \times \boldsymbol{a})$$

が成立する．

命題 1.8　$a, b \in \mathbb{R}^3$ に対して

$$|a \times b|^2 + (a, b)^2 = |a|^2 |b|^2$$

が成立する．また a, b のなす角を $\theta \in [0, \pi]$ とすると

$$|a \times b| = |a| |b| \sin \theta$$

すなわち $|a \times b|$ は 2 つのベクトル a, b が作る平行四辺形の面積に一致する．

命題 1.9　3 つのベクトル a, b, c で生成される平行六面体 E, すなわち

$$E = \{t_1 a + t_2 b + t_3 c \mid 0 \leqq t_1 \leqq 1, \, 0 \leqq t_2 \leqq 1, \, 0 \leqq t_3 \leqq 1\}$$

の体積は $V = |(a \times b, c)|$ で得られる．

証明　E の体積は a, b で作られる平行四辺形の底面積 $|a \times b|$ に高さ h をかけたものになる．$V = h |a \times b|$. 今度は高さ h を求めよう．

$$n = \frac{a \times b}{|a \times b|}$$

とおくと命題 1.5 により，これは底面と直交し長さ 1 のベクトルである．h は c を n 方向に正射影したベクトルの長さとなる．すなわち $h = |(c, n)|$ となる．以上より次が得られる．

$$V = |(c, n)| \cdot |a \times b| = \frac{1}{|a \times b|} |(c, a \times b)| \cdot |a \times b| = |(c, a \times b)| \quad \blacksquare$$

問 1.2　命題 1.9 の 3 つのベクトルに対して図形（四面体）

$$E' = \{t_1 a + t_2 b + t_3 c \mid 0 \leqq t_1 \leqq 1, \, 0 \leqq t_2 \leqq 1, \, 0 \leqq t_3 \leqq 1, \, t_1 + t_2 + t_3 \leqq 1\}$$

の体積はどうなるか？

問 1.3　ベクトル a, b, c に対して $|(c, a \times b)| = |\det(a, b, c)|$ を示せ．また

$$a = \begin{pmatrix} 1 \\ 0 \\ 2 \end{pmatrix}, \quad b = \begin{pmatrix} -2 \\ 1 \\ -2 \end{pmatrix}, \quad c = \begin{pmatrix} 3 \\ 1 \\ -1 \end{pmatrix} \in \mathbb{R}^3$$

に対し平行六面体 $E = \{\alpha a + \beta b + \gamma c \mid 0 \leqq \alpha \leqq 1, 0 \leqq \beta \leqq 1, 0 \leqq \gamma \leqq 1\}$ の体積を計算せよ．

1.6 ベクトル空間 $\mathbb{R}^n$ と演算

前節までは 3 次元の空間におけるベクトルを扱ってきたが，次元を一般の自然数 n としてベクトル空間 $\mathbb{R}^n$ の枠組みを作る．n 個の実数の組

$$\begin{pmatrix} a_1 \\ a_2 \\ \vdots \\ a_n \end{pmatrix}$$

を n 次元（実）**数ベクトル**という．さらにこれらの全体を n 次元（実）**数ベクトル空間**といい $\mathbb{R}^n$ と記述する．

$$\mathbb{R}^n = \left\{ \left. \begin{pmatrix} x_1 \\ x_2 \\ \vdots \\ x_n \end{pmatrix} \right| x_1, x_2, \ldots, x_n \in \mathbb{R} \right\}$$

和と定数倍　$\mathbb{R}^n$ に和と定数倍の演算を定義する．2 つのベクトル

$$\boldsymbol{a} = \begin{pmatrix} a_1 \\ a_2 \\ \vdots \\ a_n \end{pmatrix}, \quad \boldsymbol{b} = \begin{pmatrix} b_1 \\ b_2 \\ \vdots \\ b_n \end{pmatrix} \in \mathbb{R}^n$$

および $\alpha \in \mathbb{R}$ に対して

$$\boldsymbol{a} + \boldsymbol{b} = \begin{pmatrix} a_1 + b_1 \\ a_2 + b_2 \\ \vdots \\ a_n + b_n \end{pmatrix} \text{（和）}, \quad \alpha\,\boldsymbol{a} = \begin{pmatrix} \alpha\,a_1 \\ \alpha\,a_2 \\ \vdots \\ \alpha\,a_n \end{pmatrix} \text{（定数倍）}$$

を定める．これによって，任意の $\boldsymbol{a},\,\boldsymbol{b} \in \mathbb{R}^n$ および $\alpha, \beta \in \mathbb{R}$ に対して $\alpha\,\boldsymbol{a} + \beta\,\boldsymbol{b} \in \mathbb{R}^n$ が定まる．これを $\boldsymbol{a},\,\boldsymbol{b}$ の**線形結合**という．また，一般に和と定数倍の演算を備えた集合を**ベクトル空間**あるいは**線形空間**という．

ベクトルの内積と計量　3 次元の場合 $(n = 3)$ をそのまま拡張してベクトルの**内積**と**長さ**[†] を定義する.

$$(\boldsymbol{a}, \boldsymbol{b}) = \sum_{i=1}^{n} a_i b_i, \quad |\boldsymbol{a}| = (\boldsymbol{a}, \boldsymbol{a})^{\frac{1}{2}} \quad (\boldsymbol{a}, \boldsymbol{b} \in \mathbb{R}^n)$$

内積と長さの基本性質を述べる. いずれも 3 次元の場合の一般化が成立する.

命題 1.10　$\boldsymbol{a}, \boldsymbol{b}, \boldsymbol{c} \in \mathbb{R}^n$, $\alpha, \beta \in \mathbb{R}$ に対して次が成立する.

$$(\boldsymbol{a}, \boldsymbol{b}) = (\boldsymbol{b}, \boldsymbol{a}), \quad (\alpha \boldsymbol{a} + \beta \boldsymbol{b}, \boldsymbol{c}) = \alpha(\boldsymbol{a}, \boldsymbol{c}) + \beta(\boldsymbol{b}, \boldsymbol{c}), \quad |\alpha \boldsymbol{a}| = |\alpha| \, |\boldsymbol{a}|$$

(単純計算なので証明は略する).

命題 1.11　(シュワルツの不等式, 三角不等式)　$\boldsymbol{a}, \boldsymbol{b} \in \mathbb{R}^n$ に対して次が成立する.

$$|(\boldsymbol{a}, \boldsymbol{b})| \leq |\boldsymbol{a}| \, |\boldsymbol{b}|, \quad |\boldsymbol{a} + \boldsymbol{b}| \leq |\boldsymbol{a}| + |\boldsymbol{b}|$$

　証明　$a_1, a_2, \ldots, a_n, b_1, b_2, \ldots, b_n \in \mathbb{R}$ に対して, 次の計算を実行する.

$$\begin{aligned} I &= \sum_{i=1}^{n} \sum_{j=1}^{n} (a_i b_j - a_j b_i)^2 \\ &= \sum_{i=1}^{n} \sum_{j=1}^{n} (a_i^2 b_j^2 - 2(a_i b_i)(a_j b_j) + a_j^2 b_i^2) \\ &= \left(\sum_{i=1}^{n} a_i^2 \right) \left(\sum_{j=1}^{n} b_j^2 \right) - 2 \left(\sum_{i=1}^{n} a_i b_i \right) \left(\sum_{j=1}^{n} a_j b_j \right) + \left(\sum_{j=1}^{n} a_j^2 \right) \left(\sum_{i=1}^{n} b_i^2 \right) \\ &= 2AB - 2C^2 \end{aligned}$$

ここで

$$A = \sum_{k=1}^{n} a_k^2, \quad B = \sum_{k=1}^{n} b_k^2, \quad C = \sum_{k=1}^{n} a_k b_k$$

とおいた. I を A, B, C で表せた. すなわち

[†]ベクトルの長さはノルムともいう.

$$I = 2AB - 2C^2$$

を得る（この I, A, B, C で表される関係式を**ラグランジュの等式**[†] という）.
一方 $I \geqq 0$ は定義から明らかなので $AB \geqq C^2$ を得る. これを元の記号で表現
することで結論（シュワルツ[‡] の不等式）となる. 次に

$$\begin{aligned}
0 &\leqq |\boldsymbol{a} + \boldsymbol{b}|^2 \\
&= (\boldsymbol{b} + \boldsymbol{a}, \boldsymbol{b} + \boldsymbol{a}) \\
&= (\boldsymbol{b}, \boldsymbol{b}) + 2(\boldsymbol{b}, \boldsymbol{a}) + (\boldsymbol{b}, \boldsymbol{b}) \\
&= |\boldsymbol{b}|^2 + 2(\boldsymbol{b}, \boldsymbol{a}) + |\boldsymbol{a}|^2 \\
&\leqq |\boldsymbol{b}|^2 + 2|\boldsymbol{b}|\,|\boldsymbol{a}| + |\boldsymbol{a}|^2 \\
&= (|\boldsymbol{a}| + |\boldsymbol{b}|)^2
\end{aligned}$$

これは命題の第 2 の結果（三角不等式）と同値な不等式である. ■

注意 ベクトルの内積について $(\boldsymbol{a}, \boldsymbol{b}) = \boldsymbol{a}^T \boldsymbol{b}$ とも表せる. 命題の証明から

$$(\boldsymbol{a}, \boldsymbol{b}) = 0 \quad (\text{直交})$$

ならば

$$|\boldsymbol{a} + \boldsymbol{b}|^2 = |\boldsymbol{a}|^2 + |\boldsymbol{b}|^2$$

となる. これは初等幾何学のピタゴラスの定理に相当する等式である.

問 1.4 行列 $A \in M_{nn}(\mathbb{R})$ および $\boldsymbol{u}, \boldsymbol{v} \in \mathbb{R}^n$ に対して

$$(A\boldsymbol{u}, \boldsymbol{v}) = (\boldsymbol{u}, A^T \boldsymbol{v})$$

となることを示せ.

線形独立性，部分空間，次元

定義 有限個のベクトル $\boldsymbol{a}_1, \boldsymbol{a}_2, \ldots, \boldsymbol{a}_\ell \in \mathbb{R}^n$ が**線形独立**であるとは，

『$\alpha_1 \boldsymbol{a}_1 + \alpha_2 \boldsymbol{a}_2 + \cdots + \alpha_\ell \boldsymbol{a}_\ell = \boldsymbol{0}$ となる係数が $(\alpha_1, \alpha_2, \ldots, \alpha_\ell) = (0, 0, \ldots, 0)$ の場合に限られる』

が成立することである.

[†]Joseph Louis Lagrange 1736-1813：フランスの数学者.

[‡]Hermann Amandus Schwarz 1843-1921：ドイツの数学者.

命題 1.12　n 個のベクトル $\boldsymbol{a}_1, \boldsymbol{a}_2, \ldots, \boldsymbol{a}_n \in \mathbb{R}^n$ が線形独立であることと，任意のベクトル $\boldsymbol{u} \in \mathbb{R}^n$ に対し，一意的に係数の組 $\alpha_1, \ldots, \alpha_n$ が定まり

$$\boldsymbol{u} = \alpha_1 \boldsymbol{a}_1 + \alpha_2 \boldsymbol{a}_2 + \cdots + \alpha_n \boldsymbol{a}_n$$

と表現できることは同値である．

　証明は省略する．上記の命題の条件を満たすようなベクトルの組 $\boldsymbol{a}_1, \boldsymbol{a}_2, \ldots, \boldsymbol{a}_n$ を**基底**という．基底の選び方は 1 通りではない．しかし，基底をなすベクトルの組の要素の数 n は一意に定まることが知られている．このことをもってベクトル空間 $\mathbb{R}^n$ は n 次元であるという．

問 1.5　ベクトル $\boldsymbol{a}_1, \boldsymbol{a}_2, \ldots, \boldsymbol{a}_\ell \in \mathbb{R}^n$ が線形独立であるとき，そこから任意に選択した $\boldsymbol{a}_{r_1}, \boldsymbol{a}_{r_2}, \ldots, \boldsymbol{a}_{r_p}$（但し $1 \le r_1 < r_2 < \cdots < r_p \le \ell$）は線形独立であることを示せ．

定義　（**部分ベクトル空間**）　$G \subset \mathbb{R}^n$ が**部分ベクトル空間**（または単に**部分空間**）であるとは，任意の $\boldsymbol{a}, \boldsymbol{b} \in G$，および任意の $\alpha, \beta \in \mathbb{R}$ に対して

$$\alpha \boldsymbol{a} + \beta \boldsymbol{b} \in G$$

となることである．

定義　（**部分ベクトル空間の次元**）　G が部分ベクトル空間ならば G 自体がベクトル空間の構造をもつ．この G の基底を考えることもでき，それに属するベクトルの個数を G の**次元**という．

1.7 一般のベクトル空間

前節まではユークリッド空間におけるベクトルを扱ってきたが，より一般の
ベクトル空間を定義する．本書では現れないがより専門の科目（フーリエ解析，
関数解析，その他）を学ぶときに役立つ可能性があるので，ここで意識してお
くと良い．

一般のベクトル空間とは和と定数倍の 2 つの演算が備わった数学的集合であ
る．すなわち，集合 X に以下の 2 つの演算があるとする．

(i) $\boldsymbol{u}, \boldsymbol{v} \in X$ に対して $\boldsymbol{u} + \boldsymbol{v} \in X$ が定まる．

(ii) $\boldsymbol{u} \in X, c \in \mathbb{R}$ に対して $c\boldsymbol{u} \in X$ が定まる．

演算 (i), (ii) に関して自然な法則を設定することで，この X は $\mathbb{R}$-線形空間あ
るいは $\mathbb{R}$-ベクトル空間の構造をもたせることができ，様々な数学理論の舞台装
置となる．応用上重要な例をいくつかあげてみる．

> **例 1** 多項式の成すベクトル空間：

$$X = \{\alpha_0 + \alpha_1 x + \alpha_2 x^2 + \cdots + \alpha_{n-1} x^{n-1} \mid \alpha_0, \alpha_1, \ldots, \alpha_{n-1} \in \mathbb{R}\}$$

これは n 次元ベクトル空間 $\mathbb{R}^n$ と同じ構造をもつ．

> **例 2** 関数からなるベクトル空間：

$$X = \{t\, e^{a\,x} + s\, e^{b\,x} \mid t, s \in \mathbb{R}\}$$

もし実数 a, b が異なっているとすれば，この空間は 2 次元で微分方程式

$$\frac{d^2 u}{dx^2} - (a + b)\frac{du}{dx} + a\,b\,u = 0$$

の解の全体と一致する．

> **例 3** 数列 $\{a_m\}_{m=1}^{\infty}$ の全体：和と定数倍の演算として

$$\{a_m\}_{m=1}^{\infty} + \{b_m\}_{m=1}^{\infty} = \{a_m + b_m\}_{m=1}^{\infty}, \quad \alpha\,\{a_m\}_{m=1}^{\infty} = \{\alpha\,a_m\}_{m=1}^{\infty}$$

で定義できる．

例 4 　区間 I 上の連続関数の全体：

$$(f+g)(x) = f(x) + g(x), \quad (\alpha f)(x) = \alpha f(x)$$

で和と定数倍が定まる.

　これらの例では個々の要素に矢線のイメージが湧きにくいのでベクトル空間といわれても違和感があるかもしれない. しかし，ベクトル空間として扱うことで複雑な問題を抽象化してシンプルな記号で記述したりして，理論の枠組みを構成することを容易にしている. 数学では場合によって見方を変えたり，時には中身を忘れて入れ物の構造だけを扱うなど柔軟な姿勢を取る. これらを心がけておくと良い.

三角関数とベクトル空間

　ベクトル空間が舞台装置なら，その上で活躍する役者にあたるのがベクトル空間からベクトル空間に働く作用素である. 例えば，何回でも微分できる関数にその二階微分を対応させる作用素はラプラシアン（4 章）と呼ばれ，とても重要で多くの役目を持っている. このラプラシアンに対する固有値問題も様々な興味から非常に良く研究されている. 区間 $[0,1]$ 上の 1 変数関数に対してこの固有値問題を述べると，λ をパラメータとして，次の常微分方程式となる.

$$-\frac{d^2}{dx^2}u(x) = \lambda u(x) \quad (x \in (0,1))$$

さらに，ディリクレ境界条件 $u(0) = u(1) = 0$ を課すと，$\lambda = (n\pi)^2$ $(n \in \mathbb{N})$ のとき，この固有値問題は解を持つ. 実際，それらは $\sin(n\pi x)$ $(n \in \mathbb{N})$ により与えられ，区間 $[0,1]$ 上の何回でも微分できて，境界で零となる関数全体からなるベクトル空間の基底をなす. 詳しくはフーリエ解析の成書を参照されたい.

1.8 線形変換と図形の体積変化

ベクトル空間 $X = \mathbb{R}^n$ から $X = \mathbb{R}^n$ への写像 f が次の条件

$$f(\boldsymbol{u} + \boldsymbol{v}) = f(\boldsymbol{u}) + f(\boldsymbol{v}), \quad f(c\,\boldsymbol{u}) = cf(\boldsymbol{u}) \quad (c \in \mathbb{R}, \boldsymbol{u}, \boldsymbol{v} \in X)$$

を満たすとき f を**線形変換**という. f をベクトルの成分表示を用いて行列表現することができる. すなわち適当な $n \times n$ 行列 A を用いて f は $f(\boldsymbol{u}) = A\,\boldsymbol{u}$ と書ける. 但し $\boldsymbol{u}$ は縦ベクトルで書かれている.

さて話を 3 次元 ($n = 3$) に限り $\det(A) \neq 0$ も仮定することにする. この変換 f は $\mathbb{R}^3$ から $\mathbb{R}^3$ への全単射になる. このとき集合の体積はどう変化するのであろうか. 命題 1.9 で扱った平行六面体 E をこの変換 f で移してみよう.

$$E = \{t_1\,\boldsymbol{a} + t_2\,\boldsymbol{b} + t_3\,\boldsymbol{c} \mid 0 \leqq t_1 \leqq 1, 0 \leqq t_2 \leqq 1, 0 \leqq t_3 \leqq 1\}$$

だから $f(E)$ は

$$f(E) = \{t_1\,f(\boldsymbol{a}) + t_2\,f(\boldsymbol{b}) + t_3\,f(\boldsymbol{c}) \mid 0 \leqq t_1 \leqq 1, 0 \leqq t_2 \leqq 1, 0 \leqq t_3 \leqq 1\}$$

で与えられる（図 1.8）. またそれぞれの**体積**は問 1.3 を用いて

$$\mathrm{Vol}(E) = |\det(\boldsymbol{a}, \boldsymbol{b}, \boldsymbol{c})|, \quad \mathrm{Vol}(f(E)) = |\det(f(\boldsymbol{a}), f(\boldsymbol{b}), f(\boldsymbol{c}))|$$

ここで $f(\boldsymbol{u}) = A\,\boldsymbol{u}$ だから

$$\mathrm{Vol}(f(E)) = |\det(A\,\boldsymbol{a}, A\,\boldsymbol{b}, A\,\boldsymbol{c})| = |\det(A(\boldsymbol{a}, \boldsymbol{b}, \boldsymbol{c}))|$$

$$= |\det(A)\det(\boldsymbol{a}, \boldsymbol{b}, \boldsymbol{c})| = |\det(A)|\,|\det(\boldsymbol{a}, \boldsymbol{b}, \boldsymbol{c})|$$

となる. これをまとめて次の結果となる.

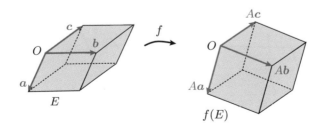

図 1.8 線形変換による平行六面体の移動

命題 1.13 $\mathbb{R}^3$ 内の平行六面体 E に対して，次の公式が成立する．

$$\mathrm{Vol}(f(E)) = |\det(A)|\,\mathrm{Vol}(E)$$

これにより，変換 f により E の体積は $|\det(A)|$ 倍されることが示された．平行六面体のみならず一般の多面体でも同じことが成立する．このことは多面体は有限個の四面体に分解できることから従う．また，滑らかな境界をもつ図形でも多面体で近似して考えれば良い．

次に $\mathbb{R}^3$ における線形変換 f によって，中にある 2 次元集合の面積の変化を見てみる．H を $\mathbb{R}^3$ の中の平面とする．$\boldsymbol{\nu}$ を H と直交する単位ベクトルとする．H に含まれる平行四辺形 G を取る．その f による像 $f(G)$ は平面 $H' = f(H)$ 内の平行四辺形となる．G の面積と $f(G)$ の面積を比較する．今 G と $\boldsymbol{\nu}$ でできる平行六面体 F を考えると $F' = f(F)$ は平行六面体であり

$$\mathrm{Vol}(F') = |\det(A)|\mathrm{Vol}(F)$$

であるが，$\mathrm{Vol}(F) = \mathrm{Area}(G) \times 1$ であり，一方 $\mathrm{Vol}(F') = \mathrm{Area}(f(G))h$ となる．ここで h は F' の $f(E)$ を底面としたときの高さを表し $f(\boldsymbol{\nu}) = A\boldsymbol{\nu}$ を H' の法線方向に射影した長さになっている．ここで H' に直交するベクトルは

$$(**) \qquad \boldsymbol{\kappa} = \alpha\,(A^T)^{-1}\boldsymbol{\nu} \quad (\alpha \in \mathbb{R})$$

の形で与えられる（図 1.9）．なぜなら $\boldsymbol{\tau}$ を H に接するベクトルとすると $A\boldsymbol{\tau}$ は H' に接するベクトルであり

$$((A^T)^{-1}\boldsymbol{\nu}, A\boldsymbol{\tau}) = ((A^{-1})^T\boldsymbol{\nu}, A\boldsymbol{\tau}) = (\boldsymbol{\nu}, A^{-1}A\boldsymbol{\tau}) = (\boldsymbol{\nu}, \boldsymbol{\tau}) = 0$$

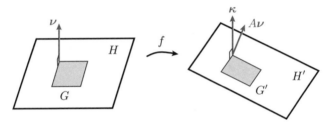

図 1.9 線形変換による 2 次元図形の移動

となるからである。これにより $h = \left| \left(A\boldsymbol{\nu}, \frac{\boldsymbol{\kappa}}{|\boldsymbol{\kappa}|} \right) \right|$ を得る。以上をまとめて

$$|\det(A)| \operatorname{Area}(G) = \operatorname{Area}(f(G))h = \frac{\operatorname{Area}(f(G))|(A\boldsymbol{\nu}, (A^T)^{-1}\boldsymbol{\nu})|}{|(A^T)^{-1}\boldsymbol{\nu}|}$$

となる。さて

$$(A\boldsymbol{\nu}, (A^T)^{-1}\boldsymbol{\nu}) = (\boldsymbol{\nu}, (A^T)(A^T)^{-1}\boldsymbol{\nu}) = (\boldsymbol{\nu}, \boldsymbol{\nu}) = 1$$

より，分母を払って次の結果を得る。

> **命題 1.14** $f(\boldsymbol{u}) = A\boldsymbol{u}$ で与えられる線形写像 $f : \mathbb{R}^3 \longrightarrow \mathbb{R}^3$ は全単射であるとする。ここで A は 3 次正方行列である。$\mathbb{R}^3$ 内の平面 H 内の任意の平行四辺形 G に対して
> $$\operatorname{Area}(f(G)) = |\det(A)| \, |(A^T)^{-1}\boldsymbol{\nu}| \operatorname{Area}(G)$$
> が成立する。ここで $\boldsymbol{\nu}$ は H の単位法線ベクトルである。

注意 命題 1.13, 1.14 の結果は高次元化することができる。

┌ 例題 1.4 ─────────────

3 次元空間 $\mathbb{R}^3$ における平面 H を以下のパラメータ表示の形で与える。

$$\begin{pmatrix} x \\ y \\ z \end{pmatrix} = t\boldsymbol{a} + s\boldsymbol{b} \quad (t, s \in \mathbb{R})$$

但し，ベクトル $\boldsymbol{a}, \boldsymbol{b}$ は線形独立とする。このとき H のうち $0 \leqq t \leqq \alpha$, $0 \leqq s \leqq \beta$ の範囲の部分 W の面積を求めよ。

【解　答】 W は 2 つのベクトル $\alpha\boldsymbol{a}, \beta\boldsymbol{b}$ で作られる平行四辺形となり面積は次の通り。

$$\operatorname{Area}(W) = |\alpha\boldsymbol{a} \times \beta\boldsymbol{b}| = \alpha\beta|\boldsymbol{a} \times \boldsymbol{b}|.$$

1.9　スカラー場とベクトル場

　本章ではユークリッド空間におけるベクトルの数学的な性質や活用法について考えてきた．これらは図形や幾何を論じる際の道具として有用である．ここでは話題を変えて自然現象における物理量としてのベクトル場およびスカラー場の考えについて説明しよう．まずスカラーとベクトルの違いから始める．スカラーとは実数値（または複素数値）とほぼ同じ意味と考えて良い．要するに単なる数値に過ぎないというフィーリングをもって良い．これに対してベクトルは方向と大きさの両方を備えているということで，それにより多くの意味合いを乗せて利用することができる．我々の日常の天気予報などでも気温や気圧について具体的な数値が出され，それがより正確な予測や判断につながる．現象の重要な指標となる量（あるいは変数）を**物理量**という．気温や気圧は実数値を取り**スカラー量**（またはスカラー値の変数）ともいわれる．風向きなどは方向と大きさをもつため**ベクトル量**（ベクトル値の変数）となる．その他，地震やそれに伴う建物の現象においても，物体の変形や振動が問題となるためベクトル値の変数が現れる．実際の自然現象において現れるスカラー値あるいはベクトル値の（物理量に対応する）変数は場所（空間変数 x）や時刻（時間変数 t）に依存するため関数となる．物理の法則を数式化して計算したり議論することで科学としての結果が得られる．その過程において様々な微分積分や微分方程式の計算や議論が起こってくる．自然科学の問題を解く場合には様々な物理量に対応するスカラー関数やベクトル値関数を未知関数とするような方程式を扱う必要が生じるのである．特に，連続体力学や電磁気学などに現れる速度場，渦度場，電場，磁場などの方程式を扱う際にはベクトル解析で学ぶ様々な基礎的な計算や理論が活用されるのである．

$$■■■ \textbf{演 習 問 題} ■■■$$

1.1 2 つのベクトル

$$\boldsymbol{a} = \begin{pmatrix} 1 \\ -4 \\ 5 \end{pmatrix}, \quad \boldsymbol{b} = \begin{pmatrix} -2 \\ 3 \\ -2 \end{pmatrix} \in \mathbb{R}^3$$

のなす角を $\theta \in [0, \pi]$ とするとき $\sin\theta, \cos\theta$ を計算せよ.

1.2 座標空間内の 2 つの直線

$$L_1 : \frac{x_1 - 1}{2} = \frac{x_2}{3} = \frac{x_3 + 1}{4}, \qquad L_2 : \frac{x_1}{3} = \frac{x_2 + 1}{2} = x_3 - 2$$

があるとき, 点 P, Q はそれぞれ L_1, L_2 上を独立に自由に動けるとする. このとき, 線分 PQ が最小になるときの P, Q の位置を求めよ.

1.3 ベクトル $\boldsymbol{a}, \boldsymbol{b}, \boldsymbol{c} \in \mathbb{R}^3$ に対して, 以下のベクトルの等式を示せ.

(1) $$\boldsymbol{a} \times (\boldsymbol{b} \times \boldsymbol{c}) + \boldsymbol{b} \times (\boldsymbol{c} \times \boldsymbol{a}) + \boldsymbol{c} \times (\boldsymbol{a} \times \boldsymbol{b}) = \boldsymbol{0}$$

(2) $$\boldsymbol{a} \times (\boldsymbol{b} \times \boldsymbol{c}) = (\boldsymbol{a}, \boldsymbol{c})\boldsymbol{b} - (\boldsymbol{a}, \boldsymbol{b})\boldsymbol{c}$$

1.4 ベクトル $\boldsymbol{a}, \boldsymbol{b}, \boldsymbol{c} \in \mathbb{R}^3$ が線形従属であるための必要十分条件は

$$(\boldsymbol{a}, (\boldsymbol{b} \times \boldsymbol{c})) = 0$$

であることを示せ.

1.5 3 つのベクトル $\boldsymbol{e}_1, \boldsymbol{e}_2, \boldsymbol{e}_3$ が $|\boldsymbol{e}_i| = 1$, $(\boldsymbol{e}_i, \boldsymbol{e}_j) = 0$ $(1 \leqq i < j \leqq 3)$ を満たすならば $\boldsymbol{e}_1, \boldsymbol{e}_2, \boldsymbol{e}_3$ は線形独立となることを示せ.

1.6 2 つのベクトル

$$\boldsymbol{a} = \begin{pmatrix} 3 \\ 2 \\ -1 \end{pmatrix}, \quad \boldsymbol{b} = \begin{pmatrix} 1 \\ -1 \\ -2 \end{pmatrix} \in \mathbb{R}^3$$

に対して $\boldsymbol{c}(t) = \boldsymbol{b} + t\boldsymbol{a}$ を考える. 但し t は実数値を取る変数である. $|\boldsymbol{c}(t)|$ が最小になる t を求めよ. また, この値に対する $\boldsymbol{c}(t)$ はどのようなベクトルであるか考察せよ.

1.7 点 $A = (1, 1, 1)$, $B = (-2, 0, 1)$ を含む平面で, 原点 $O = (0, 0, 0)$ を中心とする半径 1 の球面に接するものをすべて求めよ.

1.8 2 つのベクトル

$$\boldsymbol{a} = \begin{pmatrix} 1 \\ 0 \\ 1 \end{pmatrix}, \quad \boldsymbol{b} = \begin{pmatrix} -1 \\ 1 \\ -1 \end{pmatrix} \in \mathbb{R}^3$$

に対し平面 $H = \{t\,\boldsymbol{a} + s\,\boldsymbol{b} \mid t, s \in \mathbb{R}\}$ を与えるとき，点 $P = (3, 6, 0)$ を通り H に直交する直線の方程式を求めよ．また，P から H までの最短距離を求めよ．

1.9 線形独立な 2 つのベクトル $\boldsymbol{a}, \boldsymbol{b} \in \mathbb{R}^3$ が与えられているとする．このとき，ベクトル $\boldsymbol{u} \in \mathbb{R}^3$ が

$$|\boldsymbol{u}| = 1, \quad (\boldsymbol{u}, \boldsymbol{a}) = 0$$

を満たしつつ変化するとき，$(\boldsymbol{u}, \boldsymbol{b})$ が最大値を取るような $\boldsymbol{u}$ を求めよ．

1.10 線形独立な 3 つのベクトル $\boldsymbol{a}, \boldsymbol{b}, \boldsymbol{c} \in \mathbb{R}^3$ が与えられているとする．いまベクトル $\boldsymbol{u} \in \mathbb{R}^3$ が条件 $\boldsymbol{u} \perp \boldsymbol{a},\ \boldsymbol{u} \perp \boldsymbol{b},\ \boldsymbol{u} \perp \boldsymbol{c}$ を満たすならば $\boldsymbol{u} = \boldsymbol{0}$ となることを示せ．

1.11 xy 平面 $\mathbb{R}^2$ における変換 f を

$$f(x, y) = (ax + by, cx + dy) \qquad ((x, y) \in \mathbb{R}^2)$$

によって定める．平面内の任意の三角形 Q に対して，次の等式を示せ．

$$\mathrm{Area}(f(Q)) = |a\,d - b\,c|\,\mathrm{Area}(Q)$$

1.12 xyz 空間 $\mathbb{R}^3$ における変換 f を

$$f(x, y, z) = (x, y, z)A \quad ((x, y, z) \in \mathbb{R}^3)$$

により定める．ここで，A を 3 次正方行列とする．ベクトル $\boldsymbol{a}_1, \boldsymbol{a}_2, \boldsymbol{a}_3$ を線形独立として

$$Q = \{t\,\boldsymbol{a}_1 + s\,\boldsymbol{a}_2 + r\,\boldsymbol{a}_3 \mid t \geqq 0,\ s \geqq 0,\ r \geqq 0,\ s + t + r \leqq 1\}$$

とする．このとき Q に対し $\mathrm{Vol}(f(Q)) = |\det(A)|\mathrm{Vol}(Q)$ を示せ．

1.13 xyz 空間 $\mathbb{R}^3$ における平面 $H : z = \alpha x + \beta y + \gamma$ において $0 \leqq x \leqq \xi,\ 0 \leqq y \leqq \eta$ の範囲にある部分の面積を求めよ．但し ξ, η は正定数である．

第 2 章
多変数解析の基礎I（微分）

　ベクトル解析は微分積分学を発展させ物理現象の方程式や工学の諸問題における計算への活用を目指したものといえる．本章では多次元のユークリッド空間の領域におけるスカラー値やベクトル値の関数の滑らかさや変換に関する公式や計算を考える．まずユークリッド[†]空間における距離やそれを用いた点列の収束および位相など用語や性質の理解を深める．

2.1　ユークリッド空間と部分集合

　n 次元ユークリッド空間 $\mathbb{R}^n$ における関数やその性質を論じる上で，関数の定義域である集合の基礎付けが必要となってくる．以下で $\mathbb{R}^n$ における距離や集合に関する記号や概念を学ぶ．以下 n は自然数とする．

　定義　　ユークリッド空間 $\mathbb{R}^n$ 内の 2 点 $x = (x_1, \ldots, x_n), y = (y_1, \ldots, y_n) \in \mathbb{R}^n$ に対して 2 点間の**距離**を

$$|x - y| = \left(\sum_{i=1}^{n} (x_i - y_i)^2 \right)^{\frac{1}{2}}$$

で定める．これはベクトル $\overrightarrow{yx}$ の大きさに一致することに注意しよう．よって第 1 章で示したベクトルの三角不等式を適用することで

$$|x - z| \leqq |x - y| + |y - z| \qquad (x, y, z \in \mathbb{R}^n)$$

も得ることができる．

[†]Euclid 330?-275?B.C.: 古代ギリシアの数学者．

┌─ 例題 2.1 ──────────────

次の不等式を示せ.

$$|z - x| \geqq ||z - y| - |x - y||　(x, y, z \in \mathbb{R}^n)$$

【**解　答**】　三角不等式を用いると

$$|z - y| = |(z - x) + (x - y)| \leqq |z - x| + |x - y|$$

これより $|z - y| - |x - y| \leqq |z - x|$ を得る. 次に x, z を入れ替えて同じ議論
をして $|x - y| - |z - y| \leqq |x - z|$ となり $-(|z - y| - |x - y|) \leqq |z - x|$ を得
る. 上の 2 つの不等式を合わせて次を得る.

$$-|z - x| \leqq |z - y| - |x - y| \leqq |z - x|$$

よって次の結論を得る. $||z - y| - |x - y|| \leqq |z - x|$.

　点 $z \in \mathbb{R}^n$ および正数 $r > 0$ に対して, 次の集合を定める.

$$B(z, r) = \{y \in \mathbb{R}^n \mid |z - y| < r\}$$

これは中心 z で半径 r の**開球体**あるいは z の r-**近傍**ともいわれる. 中心が原
点 **0** のときは $B(r) = B(\mathbf{0}, r)$ と略記することもある（図 **2.1** 参照）.

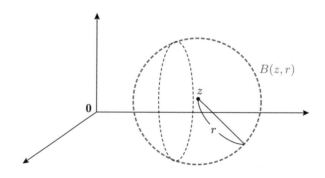

図 **2.1**　$\mathbb{R}^3$ における点 z の r-近傍

―**例題 2.2**―

$a, b \in \mathbb{R}^n$ は異なる 2 点とする. $r = |a - b| > 0$ とおく. 今, 2 つの正数 $s_1 > 0, s_2 > 0$ が (i) $s_1 + s_2 \leqq r$ を満たすとき $B(a, s_1) \cap B(b, s_2) = \emptyset$ を示せ. また, (ii) $s_2 - s_1 \geqq r$ のとき $B(a, s_1) \subset B(b, s_2)$ を示せ.

【**解 答**】 (i) 背理法を用いる. もし $z \in B(a, s_1) \cap B(b, s_2)$ が存在したならば $|z - a| < s_1$ かつ $|z - b| < s_2$ となり, 三角不等式から

$$r = |a - b| \leqq |a - z| + |z - b| < s_1 + s_2$$

となり (i) の仮定に矛盾する. よって, そのような z は存在しない.

(ii) 背理法を用いる. $z \in B(a, s_1)$ かつ $z \notin B(b, s_2)$ となる z が存在するならば

$$|z - a| < s_1, \quad |z - b| \geqq s_2$$

となる. ここで, 三角不等式から派生する不等式(例題 2.1 参照)より

$$r = |a - b| = |(z - b) - (z - a)| \geqq |z - b| - |z - a| > s_2 - s_1$$

となり (ii) の仮定に矛盾する.

定義 (**有界集合**) $A \subset \mathbb{R}^n$ を集合とする. A が**有界**あるいは**有界集合**であるとは, ある正定数 $R > 0$ があって $A \subset B(\mathbf{0}, R)$ となることである. 有界でないとき**非有界**である, と定める. 有界の条件は原点からの距離を用いて考えたが, 別の固定点を用いても同じになる. すなわち集合 A が有界であることを, "ある $z \in \mathbb{R}^n$ および $L > 0$ があって $A \subset B(z, L)$" としても同値である.

定義 (**直径**) 空でない集合 $A \subset \mathbb{R}^n$ に対してその**直径**を以下で定める.

$$\mathrm{Diam}(A) = \sup\{|x - y| \mid x, y \in A\}$$

この定義によって $\mathrm{Diam}(A)$ が有限値であることと A が有界であることは同値となる(証明を試みよ). 以下, 集合 A に対し, 関連して定まる重要な集合を定義する.

定義 （**内部，閉包，境界**） $A \subset \mathbb{R}^n$ を集合とする.

(i) $\mathbb{R}^n$ の要素 x が集合 A の**内点**であるとは，ある $\delta > 0$ が存在して $B(x, \delta) \subset A$ となることである．A の内点の全体を A° と書き A の**内部**という.

(ii) $\mathbb{R}^n$ の要素 y が A の**触点**であるとは，任意の $\varepsilon > 0$ に対して $B(y, \varepsilon) \cap A \neq \emptyset$ となることである．A の触点の全体を $\overline{A}$ と書き A の**閉包**という.

(iii) $\partial A = \overline{A} \setminus A^\circ$ を A の**境界**といい，集合 ∂A の要素を**境界点**と呼ぶ.

(i), (ii) の定義から次はすぐ従う．$A^\circ \subset A \subset \overline{A}$

注意 $A^\circ, \overline{A}, \partial A$ について論理的な記述をすれば上記のように複雑な表現になるが，本書ではある程度単純な図形や境界がある程度滑らかな集合のみを扱うので当面は図によって直観的な理解をしておくだけでも十分である．下の例を参考にすると良い．（上級の書物等で）定理の証明まで深く理解したい場合には上記のように数学的に正確な定義が必要となる.

例 空間次元 $n = 2$ とする．$A = \{(x_1, x_2) \in \mathbb{R}^2 \mid x_1 > 0, x_2 > 0, x_1 + x_2 \leqq 1\}$ に対して $A^\circ, \overline{A}, \partial A$ を考える（図 **2.2** 参照）.

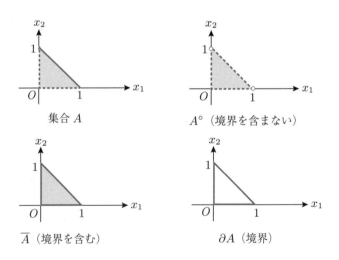

図 **2.2** 集合 A, A°（内部），$\overline{A}$（閉包），∂A（境界）

$$\overline{A} = \{(x_1, x_2) \in \mathbb{R}^2 \mid x_1 \geqq 0, x_2 \geqq 0, x_1 + x_2 \leqq 1\},$$

$$A^\circ = \{(x_1, x_2) \in \mathbb{R}^2 \mid x_1 > 0, x_2 > 0, x_1 + x_2 < 1\},$$

$$\partial A = \{(x_1, x_2) \in \mathbb{R}^2 \mid x_1 > 0, x_2 > 0, x_1 + x_2 = 1\}$$
$$\cup \{(x_1, 0) \in \mathbb{R}^2 \mid 0 \leqq x_1 \leqq 1\} \cup \{(0, x_2) \in \mathbb{R}^2 \mid 0 \leqq x_2 \leqq 1\}$$

問 2.1 $n = 3$ として，集合 $A = \{(x_1, x_2, x_3) \in \mathbb{R}^3 \mid x_1 \geqq 0, 1 < x_2^2 + x_3^2 \leqq 2\}$ に対して $A^\circ, \overline{A}$ を求めよ．

定義 （開集合，閉集合） 集合 $A \subset \mathbb{R}^n$ に対して以下を定義する．

(i) A が**開集合**であるとは $A = A^\circ$ となること，と定める．

(ii) A が**閉集合**であるとは $A = \overline{A}$ となること，と定める．

注意 集合 A が開集合であることの条件は，次のようにいっても同じである．『任意の $x \in A$ に対してある $\delta > 0$ があって $B(x, \delta) \subset A$』（図 2.3 参照）

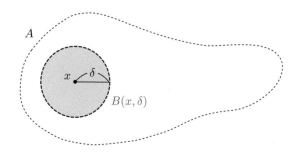

図 **2.3** 開集合 A のイメージ

注意 閉集合とはすべての境界点を自分自身に含んでいる集合ということができる．また，開集合とは境界点を自分自身に含んでいない集合といえる．定義から，空集合 $\emptyset$ や全体集合 $\mathbb{R}^n$ は開集合であり，かつ閉集合となる．また，それ以外の部分集合は開集合かつ閉集合となることはない（$\mathbb{R}$ の深い事実を用いるので証明は多少煩雑である）．

問 2.2 任意の $s > 0, z \in \mathbb{R}^n$ に対し $B(z, s)$ は開集合となることを示せ．

例 （**n 次元の矩形集合**）　$a_1, b_1, a_2, b_2, \ldots, a_n, b_n \in \mathbb{R}$ として

$$I = [a_1, b_1] \times [a_2, b_2] \times \cdots \times [a_n, b_n]$$

は $\mathbb{R}^n$ の有界閉集合である．これは積分論において基礎的な集合である．

命題 2.1　$A \subset \mathbb{R}^n$ に対し A が開集合であることと，その**補集合**

$$A^c = \mathbb{R}^n \setminus A$$

が閉集合であることは同値である．

問 2.3　集合 $A, D \subset \mathbb{R}^n$ がそれぞれ開集合ならば $A \cup D$ および $A \cap D$ は開集合になることを示せ．

領域　本章の後半では関数の微分を論じる際に開集合を定義域とすることが多くなるが，その中でも集合として連続的に "つながっている" もので議論することがある．正確な定義は次の通りである．$\mathbb{R}^n$ の部分集合が，**領域**であるとは開集合であり，かつ "互いに交わらない空でない 2 つの開集合の和集合として表せない†" という条件を満たすことである．例として $B(z, r)$ や開区間の直積などがある．

---

† この性質を位相空間の言葉で**連結**と呼ぶ．

2.2 ユークリッド空間 $\mathbb{R}^n$ における点列と収束

ユークリッド空間 $\mathbb{R}^n$ 内の番号付けられた要素の列

$$x(1), x(2), \ldots, x(m), \ldots$$

を**点列**という。これを $\{x(m)\}_{m=1}^{\infty}$ と記述する。番号付けられているということで単なる集合とは違うことに注意しよう。さて m が増大したときに $x(m)$ が極限 z に収束する（限りなく近づく）ことを，次のように記述する。

$$\lim_{m \to \infty} x(m) = z$$

これは数学的には

$$\lim_{m \to \infty} |x(m) - z| = 0$$

と記述することと同じである。このことを $x(m)$ が z に**収束する**という。幾何的には 2 点 $x(m), z$ の間の距離が限りなくゼロに近づいていくことである。また，各座標成分が実数としてそれぞれ収束することと同値である。すなわち，次の条件となる。

$$\lim_{m \to \infty} x_i(m) = z_i \quad (1 \leqq i \leqq n)$$

点列の収束をより精密に表現すると以下の通りである。

ε-N 論法による記述

『任意の $\varepsilon > 0$ に対して，ある番号 N があって，$m \geq N \implies |x(m) - z| < \varepsilon$』

これを近傍の言葉で表現して以下の通り書いても同じことである。

『任意の $\varepsilon > 0$ に対して，ある番号 N があって，$m \geq N \implies x(m) \in B(z, \varepsilon)$』

（図 2.4 参照）。

| **命題 2.2** 集合 $A \subset \mathbb{R}^n$ および点列 $\{x(m)\}_{m=1}^{\infty}$ があり，点 $a \in \mathbb{R}^n$ に対し次の条件が成立するとする。

$$x(m) \in A \quad (m \geq 1), \quad \lim_{m \to \infty} x(m) = a$$

このとき $a \in \overline{A}$ となる。逆に $a \in \overline{A}$ ならば，ある点列 $\{x(m)\}_{m=1}^{\infty} \subset A$ が存

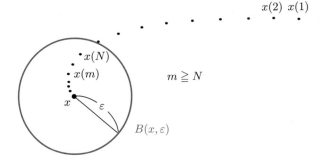

図 2.4　点列の収束のイメージ

在して次が成立する.

$$\lim_{m\to\infty} x(m) = a$$

　証明　任意の $\varepsilon > 0$ に対して仮定より，ある番号 $N = N(\varepsilon)$ があって

$$x(m) \in B(a,\varepsilon) \qquad (m \geqq N(\varepsilon))$$

である．$x(m) \in A$ はすべての m について成立するから $B(a,\varepsilon) \cap A \neq \emptyset$. よって $a \in \overline{A}$. 逆に $a \in \overline{A}$ に対して，各 $m \in \mathbb{N}$ に対し

$$A \cap B\left(a, \frac{1}{m}\right) \neq \emptyset$$

であるから各 m ごとに，要素 $x(m) \in A \cap B\left(a, \frac{1}{m}\right)$ を選択する．これから $|x(m) - a| < \frac{1}{m}$ が従い $\lim_{m\to\infty} x(m) = a$ がいえる．∎

2.3 関数と連続性

関数と極限　$D \subset \mathbb{R}^n$ を集合とする．任意の $x \in D$ に対して，実数 y を対応させる一定の規則（システム，仕組み）を**関数**という．この規則を1つの数学的対象と見て f と書く．x, y の関係を f を明示的に入れて $f(x) = y$ と記述する．D を f の**定義域**という．また，集合

$$f(D) := \{ f(x) \in \mathbb{R} \mid x \in D \}$$

を f の**値域**という（図 2.5）．以上の関係性を簡潔に

$$f : D \longrightarrow \mathbb{R}$$

という数式で表す．また f は D 上の関数という．

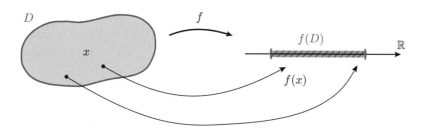

図 2.5　関数 f の定義域と値域

　さて f を D 上の関数とする．$a \in \overline{D}$ に対して点 $x \in D$ が a に近づくとき $f(x)$ が値 α に限りなく近づくならば，

$$\lim_{x \to a} f(x) = \alpha$$

と記述する．α は**極限値**と呼ばれる．この条件は ε-δ 論法により，より正確に表現することができる．

ε-δ 論法

　　　　『任意の $\varepsilon > 0$ に対して，ある $\delta > 0$ があって，
　　　　　$x \in B(a, \delta) \cap D, x \neq a \Longrightarrow |f(x) - \alpha| < \varepsilon$』

これによって多変数関数についても極限値の概念が定まり，連続性の意味を決めることができる．

定義　（**連続性**）　関数 $f(x)$ が点 $a \in D$ で**連続**であるとは

$$\lim_{x \to a} f(x) = f(a)$$

となることである．また，すべての $a \in D$ において連続であるとき f は D 上で連続であるという．連続な関数を**連続関数**と呼ぶ．

連続関数に関する基本法則を以下に与える．

定理 2.3　$f(x), g(x)$ を D 上の連続関数とする．このとき次が成立する．

(1) 定数 α, β に対して $\alpha f(x) + \beta g(x)$ は D 上で連続である．

(2) $f(x) g(x)$ は D 上で連続である．

(3) $|f(x)|$, $\max(f(x), g(x))$, $\min(f(x), g(x))$ は D 上で連続である．

(4) $\dfrac{f(x)}{g(x)}$ は $\{x \in D \mid g(x) \neq 0\}$ 上で連続である．

命題 2.4　$f : D \longrightarrow \mathbb{R}$ は連続関数とし，$\Phi : \mathbb{R} \longrightarrow \mathbb{R}$ は連続関数であるとする．このとき，**合成関数** $(\Phi \circ f)(x) = \Phi(f(x))$ は D 上の連続関数となる．

定理 2.5　（**最大値，最小値の定理**）　D を有界な閉集合とする．f は D における連続関数とする．このとき f は D で最大値および最小値を取る．すなわち，ある $z, w \in D$ があって

$$f(z) \leqq f(x) \leqq f(w) \quad (x \in D)$$

が成立する．また，この状況において以下のことが成立する．

$$f(w) = \max_{x \in D} f(x) = \sup_{x \in D} f(x), \quad f(z) = \min_{x \in D} f(x) = \inf_{x \in D} f(x)$$

（以上の 3 つの重要な事実の証明は付録の章で行われる）．

連続性よりやや強い条件をいくつか導入する．

定義 関数 $f : D \longrightarrow \mathbb{R}$ が**一様連続**であるとは，任意の $\varepsilon > 0$ に対し，ある $\delta > 0$ があって

$$x, y \in D, \, |x - y| < \delta \Longrightarrow |f(x) - f(y)| < \varepsilon$$

であることである.

この概念は積分論で重要な性質であるが，次の結果に見るように状況を見やすくする性質を有する.

定理 2.6 有界閉集合における連続関数は一様連続である.

注意 定義により連続より一様連続の方が強い性質であるが上記の定理より関数の定義域が有界閉集合の場合は同値となる.

一様連続より少し強い性質として以下の連続性を導入しておく.

定義 関数 $f : D \longrightarrow \mathbb{R}$ が**リプシッツ連続**[†]であるとは，ある定数 $L > 0$ があって，次の条件が成立することである.

$$|f(x) - f(y)| \le L \, |x - y| \quad (x, y \in D)$$

定義 $0 < \lambda < 1$ として関数 $f : D \longrightarrow \mathbb{R}$ が **λ 次ヘルダー連続**[‡]であるとは，ある定数 $L > 0$ があって次の条件が成立することである.

$$|f(x) - f(y)| \le L \, |x - y|^{\lambda} \quad (x, y \in D)$$

注意 リプシッツ連続または λ 次ヘルダー連続ならば一様連続になる（各自確認しておこう）.

問 2.4 $n = 1$ として $\mathbb{R}$ において関数 $f(x) = x^2$, $g(x) = \sin x$, $h(x) = \sin(x^2)$ は一様連続かどうかを判定せよ.

[†]Rudolf Otto Sigismund Lipshitz 1832-1903 : ドイツの数学者.
[‡]Otto Hölder 1859-1937 : ドイツの数学者.

問 **2.5** 区間 $I \subset \mathbb{R}$ において微分可能な関数 f があり，ある定数 $M > 0$ があって $|f'(x)| \leqq M \ (x \in I)$ が成立するとする．このとき，次の不等式を示せ．

$$|f(x) - f(y)| \leqq M|x - y| \quad (x, y \in I)$$

ベクトル値関数と連続性　自然数 ℓ, n を取って固定する．集合 $D \subset \mathbb{R}^n$ を取り，写像

$$f : D \longrightarrow \mathbb{R}^\ell$$

を考える．この写像 f の取る値は $\mathbb{R}$ ではなく $\mathbb{R}^\ell$ に属するため**ベクトル値関数**という．今まで扱ってきた関数は $\ell = 1$ の場合に相当し**スカラー値関数**とも呼ばれる．ベクトル値関数 $f(x)$ は成分表示して

$$f(x) = (f_1(x), f_2(x), \ldots, f_\ell(x))$$

と表すこともある．ベクトル値関数 f が連続であるとは，各成分 $f_i(x) \ (i = 1, 2, \ldots, \ell)$ が連続関数であることと定める．同様に上記の各種の連続性もベクトル値の場合に一般化される．

関数の上限，下限，変動の記号　集合 $E \subset \mathbb{R}^n$ および E 上の有界関数 f に対し，以下の量と記号を定める．

$$\sup(f, E) := \sup\{f(x) \mid x \in E\} \quad (E \text{における} f \text{の上限})$$

$$\inf(f, E) := \inf\{f(x) \mid x \in E\} \quad (E \text{における} f \text{の下限})$$

$$\mathrm{var}(f, E) := \sup\{|f(x) - f(y)| \mid x, y \in E\} \quad (E \text{における} f \text{の変動})$$

注意　$\mathrm{var}(f, E)$ は $\mathrm{osc}(f, E)$ と表すこともある．

─ 例題 **2.3** ─────────────────────────

集合 E において有界な関数 f について次の等式が成立することを示せ.

$$\mathrm{var}(f, E) = \sup(f, E) - \inf(f, E)$$

【**解　答**】　任意の $x, y \in E$ に対して $f(x) - f(y) \leqq \mathrm{var}(f, E)$ となる. 同時に $f(x) \leqq \mathrm{var}(f, E) + f(y)$ である. $x \in E$ で上限を取って

$$\sup(f, E) \leqq \mathrm{var}(f, E) + f(y) \quad (y \in E)$$

を得る. さらに $y \in E$ に関して下限を取って

$$\sup(f, E) \leqq \mathrm{var}(f, E) + \inf(f, E)$$

となり $\sup(f, E) - \inf(f, E) \leqq \mathrm{var}(f, E)$ を得る. 逆に, 任意の $\varepsilon > 0$ に対して $x_0, y_0 \in E$ が存在して $\mathrm{var}(f, E) - \varepsilon < f(x_0) - f(y_0)$ となるが

$$f(x_0) \leqq \sup(f, E), \quad f(y_0) \geqq \inf(f, E)$$

を用いて

$$\mathrm{var}(f, E) - \varepsilon < \sup(f, E) - \inf(f, E)$$

を得る. $\varepsilon > 0$ は任意だから $\mathrm{var}(f, E) \leqq \sup(f, E) - \inf(f, E)$ となり, 等号が成立して結論を得る.

命題 2.7　集合 E 上の関数について f が一様連続であることと以下の条件は同値である.

$$\lim_{\zeta \downarrow 0} \left(\sup_{z \in E} \mathrm{var}(f, E \cap B(z, \zeta)) \right) = 0$$

証明は付録で行う.

注意　$\sup(f, E), \inf(f, E)$ をそれぞれ

$$\sup_{x \in E} f(x), \qquad \inf_{x \in E} f(x)$$

と記述することも多い.

問 2.6　$E = [0,1] \times [0,1] \subset \mathbb{R}^2$ 上の関数 $f(x_1, x_2) = (x_1^2 + x_2^2)(1 - x_1^2 - x_2^2)$ について $\sup(f, E)$, $\inf(f, E)$, $\mathrm{var}(f, E)$ を求めよ.

関数の収束，発散の度合いとランダウの記号 O, o　ユークリッド空間の集合で定義された関数 f, g があって

(i) $\lim_{x \to a} f(x) = 0$, $\lim_{x \to a} g(x) = 0$ であるとして $\frac{f(x)}{g(x)}$ が a の近傍で有界であることを $f(x) = O(g(x))$ $(x \to a)$ と表す. また，$\lim_{x \to a} \frac{f(x)}{g(x)} = 0$ であることを $f(x) = o(g(x))$ $(x \to a)$ と表す.

(ii) $\lim_{x \to a} f(x) = \infty$, $\lim_{x \to a} g(x) = \infty$ であるとして $\frac{f(x)}{g(x)}$ が a の近傍で有界のとき $f(x) = O(g(x))$ $(x \to a)$ と表す. また，$\lim_{x \to a} \frac{f(x)}{g(x)} = 0$ であることを $f(x) = o(g(x))$ $(x \to a)$ と表す.

　これらの表記法を**ランダウ**[†] の記号といい，関数の収束の度合いを簡略に表現するため用いられる. 特に $g(x) = |x|^m$ の場合がよく利用される.

問 2.7　$\mathbb{R}^n$ 上の関数について，次を示せ.

$$\sin |x| = O(|x|) \ (x \to \mathbf{0}), \quad \exp(2|x|) - \exp(|x|) = O(|x|) \ (x \to \mathbf{0})$$

$$\log |x| = o(|x|) \quad (|x| \to \infty)$$

[†]Edmund Georg Hermann Landau 1877-1938 : ドイツの数学者.

2.4 スカラー関数（スカラー場）の微分

本節では $D \subset \mathbb{R}^n$ を領域とする．D 上の実数値関数を考え，これを D を定義域とする関数，または**スカラー関数**もしくは**スカラー値関数**という．関数の変化の様子を精密に論議することが微分や偏微分の理論ということができる．1次元空間の上の関数 f すなわち $n = 1$ のときは1変数関数となるので変化を考える際に独立変数 x が変化する方向は1つしかないので，地点 x の周りの微小範囲での差分商（平均変化率）は

$$\frac{f(x + h) - f(x)}{h} \quad (h \neq 0)$$

となり，$h \to 0$ の極限として微分係数 $f'(x)$ を定義できた．一方，一般の n 次元の場合 $(n \geqq 2)$ には，関数 $f(x)$ の独立変数 $x = (x_1, x_2, \ldots, x_n)$ の変化する方向は連続的にたくさんあり，方向別に微分商（変化率）を考える必要が出てくる．x を D の点，$\boldsymbol{a}$ を任意のベクトルとして

$$\frac{f(x + h\,\boldsymbol{a}) - f(x)}{h} \quad (h \neq 0)$$

を考える．$h \to 0$ に対する，この量の極限値が存在するときその値を $f'(x, \boldsymbol{a})$ と記述する．

> **定義** 点 $z \in D$，ベクトル $\boldsymbol{a} \in \mathbb{R}^n$ に対して，極限

$$f'(z, \boldsymbol{a}) = \lim_{h \to 0} \frac{f(z + h\,\boldsymbol{a}) - f(z)}{h}$$

が存在するとき，z において $\boldsymbol{a}$ 方向に**偏微分可能**であるといい，この極限値を f の $\boldsymbol{a}$ 方向の**偏微分係数**とする．すべての方向 $\boldsymbol{a}$ に偏微分可能のとき単に z で**偏微分可能**という．さらに任意の $z \in D$ で偏微分可能のとき D 上偏微分可能という（図 **2.6** 参照）．

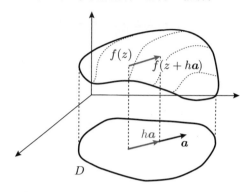

図 2.6　多変数関数 f の a 方向の変化

　実は，多くの関数（滑らかさがある）においてはすべての方向 a で考える必要がなく n 個の基本的な方向だけとって考えればよい．この事実は以下の議論から徐々に明らかになる．

> **定義**　ベクトル e_i は i 成分が 1 で，他の成分が 0 であるとして得られる．これを**標準基本ベクトル**という．数式では $e_i = (0, \ldots, 1, \ldots, 0)$ である．これを用いて

$$\frac{\partial f}{\partial x_i}(x) = f'(x, e_i)$$

と記述する．これは $\partial_{x_i} f$ と書いても良い．また $i = 1, 2, \ldots, n$ に対する，それぞれの $\frac{\partial f}{\partial x_i}(x)$ を $x \in D$ の関数とみて**偏導関数**という．

　偏微分可能より強い条件を導入する．

> **定義**　関数 $f : D \longrightarrow \mathbb{R}$ が $z \in D$ において**全微分可能**であるとは，ある $\alpha_1, \alpha_2, \ldots, \alpha_n \in \mathbb{R}$ および関数 $R(z, y)$ があって次の条件を満たすことである．

$$f(z + y) = f(z) + \sum_{i=1}^{n} \alpha_i y_i + R(z, y), \qquad \lim_{y \to \mathbf{0}} \frac{R(z, y)}{|y|} = 0$$

但し $y = (y_1, y_2, \ldots, y_n)$ であり，$y = \sum_{i=1}^{n} y_i e_i$ となることに注意する．また，2 番目の条件はランダウの記号を用いると $R(z, y) = o(|y|)$ と書ける．

ここで，全微分の条件式において $y = h\boldsymbol{a} = h(a_1, a_2, \ldots, a_n)$ として $h \to 0$ を考えたい．

$$\lim_{h \to 0} \frac{f(z + h\boldsymbol{a}) - f(z)}{h} = \lim_{h \to 0} \frac{1}{h} \left(\sum_{i=1}^{n} \alpha_i \, h \, a_i + R(z, h\boldsymbol{a}) \right)$$

$$= \lim_{h \to 0} \left(\sum_{i=1}^{n} \alpha_i \, a_i + \frac{R(z, h\boldsymbol{a})}{h} \right) = \sum_{i=1}^{n} \alpha_i \, a_i$$

となり，f は z で偏微分可能となり

$$f'(z, \boldsymbol{a}) = \sum_{i=1}^{n} \alpha_i \, a_i$$

が成立する．特に $\frac{\partial f}{\partial x_i}(z) = \alpha_i \ (1 \leqq i \leqq n)$ が成立する．f の連続性も簡単に示せる．

定義 関数 $f : D \longrightarrow \mathbb{R}$ について，すべての $z \in D$ において f が全微分可能のとき **D 上で全微分可能**であるという．

上述したように次の命題が成り立つ．

命題 2.8 関数 $f : D \longrightarrow \mathbb{R}$ が D において全微分可能ならば連続であり偏微分可能である．

一方で偏導関数が良い性質をもてば，逆の主張も成り立つ．

命題 2.9 $f : D \longrightarrow \mathbb{R}$ が D で 偏微分可能であり，偏導関数

$$\frac{\partial f}{\partial x_1}, \frac{\partial f}{\partial x_2}, \ldots, \frac{\partial f}{\partial x_n}$$

が D 上連続であるならば，f は D 上全微分可能となる．さらに

$$f'(x, c_1 \boldsymbol{a} + c_2 \boldsymbol{b}) = c_1 \, f'(x, \boldsymbol{a}) + c_2 \, f'(x, \boldsymbol{b}) \quad (\boldsymbol{a}, \boldsymbol{b} \in \mathbb{R}^n, x \in D, c_1, c_2 \in \mathbb{R})$$

が成立する．また $\boldsymbol{a} = (a_1, a_2, \ldots, a_n)$ に対して，次の関係式が成立する．

$$f'(x, \boldsymbol{a}) = \sum_{i=1}^{n} a_i \frac{\partial f}{\partial x_i}(x) \quad (x \in D)$$

証明　前段の考察で f が D で全微分可能であることが示されれば残りの主張はすぐ従うので，以下，全微分可能であることに注力する．まず $f'(x, t\,\boldsymbol{a}) = t\,f'(x, \boldsymbol{a})$ を確認する．定義より $f'(x, \boldsymbol{0}) = 0$ は自明である．$t \neq 0$ として f が偏微分可能であることにより

$$
\begin{aligned}
f'(x, t\,\boldsymbol{a}) &= \lim_{h \to 0} \frac{f(x + h\,t\,\boldsymbol{a}) - f(x)}{h} \\
&= \lim_{h \to 0} t\,\frac{f(x + (h\,t)\,\boldsymbol{a}) - f(x)}{(ht)} = t\,f'(x, \boldsymbol{a})
\end{aligned}
$$

となる．これから全微分可能を議論する．$z \in D$ を任意に取る．D が開集合より，ある $\delta > 0$ があって $B(z, \delta) \subset D$ に注意．ベクトル $y \in \mathbb{R}^n$ が $|y| < \delta$ を満たすとして $f(z + y)$ を見る．記号の複雑化を避けるため

$$
\boldsymbol{\xi}_\ell = \sum_{i=1}^{\ell} y_i\,\boldsymbol{e}_i \quad (1 \leqq \ell \leqq n), \quad \boldsymbol{\xi}_0 = \boldsymbol{0}
$$

とおけば

$$
\begin{aligned}
f(z + y) &= f(z) + \sum_{\ell=1}^{n} \left(f(z + \boldsymbol{\xi}_{\ell-1} + y_\ell\,\boldsymbol{e}_\ell) - f(z + \boldsymbol{\xi}_{\ell-1}) \right) \\
&= f(z) + \sum_{\ell=1}^{n} (g_\ell(1) - g_\ell(0))
\end{aligned}
$$

ここで $g_\ell(s) = f(z + \boldsymbol{\xi}_{\ell-1} + s\,y_\ell\,\boldsymbol{e}_\ell)$ $(0 \leqq s \leqq 1,\ 1 \leqq \ell \leqq n)$ とおいた．f が偏微分可能であるから，$g_\ell(s)$ は s に関して $0 \leqq s \leqq 1$ の範囲で微分可能となり平均値の定理を適用可能となる．

$$
g_\ell'(s) = \frac{d}{ds} f(z + \boldsymbol{\xi}_{\ell-1} + s\,y_\ell\,\boldsymbol{e}_\ell) = \frac{\partial f}{\partial x_\ell}(z + \boldsymbol{\xi}_{\ell-1} + s\,y_\ell\,\boldsymbol{e}_\ell)\,y_\ell
$$

となるので，ある $\theta_\ell \in (0, 1)$ が存在して $g_\ell(1) - g_\ell(0) = g'(\theta_\ell)(1 - 0) = \frac{\partial f}{\partial x_\ell}(z + \boldsymbol{\xi}_{\ell-1} + \theta_\ell\,y_\ell\,\boldsymbol{e}_\ell)\,y_\ell$ となる．よって

$$
\begin{aligned}
f(z + y) - f(z) &= \sum_{\ell=1}^{n} \frac{\partial f}{\partial x_\ell}(z + \boldsymbol{\xi}_{\ell-1} + \theta_\ell\,y_\ell\,\boldsymbol{e}_\ell)\,y_\ell \\
&= \sum_{\ell=1}^{n} \frac{\partial f}{\partial x_\ell}(z)\,y_\ell + \sum_{\ell=1}^{n} \left(\frac{\partial f}{\partial x_\ell}(z + \boldsymbol{\xi}_{\ell-1} + \theta_\ell\,y_\ell\,\boldsymbol{e}_\ell) - \frac{\partial f}{\partial x_\ell}(z) \right) y_\ell
\end{aligned}
$$

上の式の第2項を $R(z,y)$ とおいて評価したい．シュワルツの不等式により

$$R(z,y)^2 \leqq \left\{ \sum_{\ell=1}^{n} \left(\frac{\partial f}{\partial x_\ell}(z + \boldsymbol{\xi}_{\ell-1} + \theta_\ell\, y_\ell\, \boldsymbol{e}_\ell) - \frac{\partial f}{\partial x_\ell}(z) \right)^2 \right\} (y_1^2 + y_2^2 + \cdots + y_n^2),$$

$$|\boldsymbol{\xi}_{\ell-1} + \theta_\ell\, y_\ell\, \boldsymbol{e}_\ell|^2 = \left| \sum_{i=1}^{\ell-1} y_i\, \boldsymbol{e}_i + \theta_\ell\, y_\ell\, \boldsymbol{e}_\ell \right|^2 = \sum_{i=1}^{\ell-1} y_i^2 + \theta_\ell^2 y_\ell^2 \leqq |y|^2$$

よって $|y| \to 0$ のとき，$|\boldsymbol{\xi}_{\ell-1} + \theta_\ell\, y_\ell\, \boldsymbol{e}_\ell| \to 0\ (1 \leqq \ell \leqq n)$ となるから $\frac{\partial f}{\partial x_\ell}$ の連続性により $\lim_{|y| \to 0} \frac{R(z,y)^2}{|y|^2} = 0$ を得る．以上により f が

$$f(z + y) = f(z) + \sum_{\ell=1}^{n} \frac{\partial f}{\partial x_\ell}(z)\, y_\ell + R(z,y), \quad \lim_{|y| \to 0} \frac{R(z,y)}{|y|} = 0$$

となり，任意の $z \in D$ において全微分可能であることが示された．■

以上を踏まえて以下の理論の展開に便利な関数のクラスを定めよう．

定義 （$\boldsymbol{C^1}$ **級関数**） $f : D \longrightarrow \mathbb{R}$ が連続でかつ偏微分可能，さらに各 i に対し $\frac{\partial f}{\partial x_i}$ が連続となるとき，f は $\boldsymbol{C^1}$ 級であるという．

C^1 級の関数 f に対して，連続なベクトル値関数 $\boldsymbol{v} : D \longrightarrow \mathbb{R}^n$ が存在して

$$f'(x, \boldsymbol{a}) = (\boldsymbol{v}(x), \boldsymbol{a})$$

が成立する．（ここで $(\cdot, \cdot)$ はベクトルの内積である）．このベクトル値の関数を $\mathrm{grad}\, f(x)$ あるいは $(\nabla f)(x)$ と書き，これを**勾配ベクトル**（**gradient vector**）という．勾配ベクトルを座標成分で表すと次のようになる．

$$\nabla f(x) = \left(\frac{\partial f}{\partial x_1}, \frac{\partial f}{\partial x_2}, \cdots, \frac{\partial f}{\partial x_n} \right)$$

注意 関数 f が定義域の内部の点 z で最大値あるいは最小値を取るとしよう．このとき，f の z におけるすべての方向の勾配が 0 になることに注意する．すなわち $(\nabla f)(z) = \boldsymbol{0}$ となる．よって，この方程式が z が最大点あるいは最小点になるための必要条件となる．

問 2.8 $m \in \mathbb{Z}$ とする．関数 $f(x_1, x_2) = (x_1^2 + x_2^2)^m$，$g(x_1, x_2) = \log(x_1^2 + x_2^2)$ $(x \neq \boldsymbol{0})$ に対して $\nabla f, \nabla g$ を計算せよ．

2.5　合成関数の微分公式 1

本節では合成関数の微分公式である**連鎖律**（**Chain Rule**）について述べる．この公式は関数を変数変換したときに新しい変数に関する導関数を計算する際によく利用される．

曲線　$\alpha < \beta$ とする．n 個の関数 $\phi_i = \phi_i(t)$ $(1 \leqq i \leqq n)$ を $I = [\alpha, \beta]$ 上の微分可能な関数とする．これらを成分に用いて $t \in I$ を変数とし $\mathbb{R}^n$ の中に値を取るベクトル値関数 $\phi(t) = (\phi_1(t), \ldots, \phi_n(t))$ を考える．これを**曲線**と呼ぶ．

合成関数の微分に関する命題を述べる．

命題 2.10　$f : D \longrightarrow \mathbb{R}$ を C^1 級とする．曲線 $\phi(t) : [\alpha, \beta] \longrightarrow D$ は微分可能であると仮定する．このとき次の公式が成立する．

$$\frac{d}{dt} f(\phi(t)) = ((\nabla f)(\phi(t)), \phi'(t))$$

$$= \sum_{i=1}^{n} \frac{\partial f}{\partial x_i}(\phi(t)) \frac{d\phi_i(t)}{dt} \quad (\alpha < t < \beta)$$

証明　$f(\phi(t))$ の t に関する微分商を考察する．仮定および命題 2.9 により f は全微分可能であることを注意しておく．任意の $t_0 \in (\alpha, \beta)$ に対し $z = \phi(t_0)$, $y = \phi(t_0 + h) - \phi(t_0)$ とおく．f の全微分可能性を用いると

$$\rho(h) := f(\phi(t_0 + h)) - f(\phi(t_0)) = f(z + y) - f(z)$$

$$= \sum_{i=1}^{n} \frac{\partial f}{\partial x_i}(z) y_i + R(z, y)$$

と式変形できる．但し $R(z, y) = o(|y|)$ である．両辺を h で割って

$$\frac{1}{h} \rho(h) = \sum_{i=1}^{n} \frac{\partial f}{\partial x_i}(z) \frac{y_i}{h} + \frac{R(z, y)}{h}$$

$$= \sum_{i=1}^{n} \frac{\partial f}{\partial x_i}(z) \frac{\phi_i(t_0 + h) - \phi_i(t_0)}{h} + \frac{R(z, y)}{|y|} \frac{|y|}{h}$$

ここで $h \to 0$ のとき $y_i = \phi_i(t_0 + h) - \phi_i(t_0) \to 0$ であるので $|y| \to 0$ となり

$$\frac{R(z,y)}{|y|} \to \mathbf{0},$$

$$\left|\frac{|y|}{h}\right| = \left\{\sum_{i=1}^{n}\left(\frac{y_i}{h}\right)^2\right\}^{\frac{1}{2}}$$

$$= \left\{\sum_{i=1}^{n}\left(\frac{\phi_i(t_0+h)-\phi_i(t_0)}{h}\right)^2\right\}^{\frac{1}{2}}$$

$$\to \left\{\sum_{i=1}^{n}\phi_i'(t_0)^2\right\}^{\frac{1}{2}}$$

となり，結局

$$\lim_{h\to0}\frac{f(\phi(t_0+h))-f(\phi(t_0))}{h} = \sum_{i=1}^{n}\frac{\partial f}{\partial x_i}(z)\phi_i'(t_0)$$

$$= \sum_{i=1}^{n}\frac{\partial f}{\partial x_i}(\phi(t_0))\frac{d\phi_i}{dt}(t_0)$$

が成立し，命題の結論を得る．∎

2.6　合成関数の微分公式 2

$D \subset \mathbb{R}^n$ を領域として C^1 級関数 $f : D \longrightarrow \mathbb{R}$ を考える．領域 $E \subset \mathbb{R}^m$ および偏微分可能なベクトル値関数

$$\Phi : E \longrightarrow \mathbb{R}^n$$

があるとする．但し，$\Phi(E) \subset D$ を仮定する．このとき D 上の関数 f を $x = \Phi(y)$ により変数変換して y の関数 $\widetilde{f}(y) = (f \circ \Phi)(y) = f(\Phi(y))$ の偏導関数を計算する．まず変換関数 Φ を成分表示して $\Phi(y) = (\Phi_1(y), \ldots, \Phi_n(y))$ としておく．このとき以下の結果が成立する．

命題 2.11　E 上の関数 $\widetilde{f}(y) = f(\Phi(y))$ は E で C^1 級であって，以下を満たす．

$$\frac{\partial \widetilde{f}(y)}{\partial y_j} = \sum_{i=1}^{n} \frac{\partial f}{\partial x_i}(\Phi(y)) \frac{\partial \Phi_i}{\partial y_j} \quad (1 \leqq j \leqq m)$$

　この関係式は変数変換による偏導関数の変換法則であるが，一方，合成関数の偏導関数の公式ということもできる．

　関数 f において変数 x を y に変換したと考えて Φ をバックグラウンドに押しやり f を y 変数とみても同じ f で記述すれば公式は

$$\frac{\partial f}{\partial y_j} = \sum_{i=1}^{n} \frac{\partial f}{\partial x_i} \frac{\partial x_i}{\partial y_j} \quad (1 \leqq j \leqq m)$$

となって覚えやすい．この命題の公式を**連鎖律**（**Chain Rule**）という．

　証明　任意のベクトル $\boldsymbol{b} = (b_1, b_2, \ldots, b_m) \in \mathbb{R}^m$ および点 $w \in E$ に対して

$$\rho(h) := \frac{1}{h}(\widetilde{f}(w + h\boldsymbol{b}) - \widetilde{f}(w)) = \frac{1}{h}((f \circ \Phi)(w + h\boldsymbol{b}) - (f \circ \Phi)(w))$$

の極限を探求する．$z = \Phi(w) \in D$ において f は全微分可能であるから

$$f(z + \xi) = f(z) + \sum_{i=1}^{n} \frac{\partial f}{\partial x_i}(z)\xi_i + R(z, \xi), \quad \lim_{|\xi| \to 0} \frac{R(z, \xi)}{|\xi|} = 0$$

となる．$\xi = (\xi_1, \ldots, \xi_n)$ は $\mathbb{R}^n$ のベクトルである．ここで

$$\xi_i = \Phi_i(w + h\,\boldsymbol{b}) - \Phi_i(w) \qquad (1 \leqq i \leqq n)$$

とおく.

$$f(z + \xi) - f(z) = \sum_{i=1}^{n} \frac{\partial f}{\partial x_i}(z)\left(\Phi_i(w + h\,\boldsymbol{b}) - \Phi_i(w)\right) + R(z, \xi),$$

$$\rho(h) = \sum_{i=1}^{n} \frac{\partial f}{\partial x_i}(z)\frac{\Phi_i(w + h\,\boldsymbol{b}) - \Phi_i(w)}{h} + \frac{R(z, \xi)}{h}$$

を得る. $h \to 0$ のとき $\xi \to \boldsymbol{0}$ となることに注意し, 命題 2.10 を利用して

$$\frac{\Phi_i(w + h\,\boldsymbol{b}) - \Phi_i(w)}{h} \to \sum_{j=1}^{m} \frac{\partial \Phi_i}{\partial y_j}(w)b_j$$

を得て,

$$\left|\frac{R(z, \xi)}{h}\right| = \frac{|R(z, \xi)|}{|\xi|} \left|\frac{\Phi(w + h\,\boldsymbol{b}) - \Phi(w)}{h}\right| \to 0 \times |\Phi'(w, \boldsymbol{b})| = 0$$

を見ることで, 次の結論を得る.

$$\lim_{h \to 0} \frac{1}{h}\left((f \circ \Phi)(w + h\,\boldsymbol{b}) - (f \circ \Phi)(w)\right) = \sum_{i=1}^{n} \frac{\partial f}{\partial x_i}(z) \sum_{j=1}^{m} \frac{\partial \Phi_i}{\partial y_j}(w)\,b_j$$

よって, $\widetilde{f}$ は任意の $w \in E$ において偏微分可能となり, $\boldsymbol{b} = \boldsymbol{e}_\ell$ として

$$\frac{\partial \widetilde{f}(y)}{\partial y_\ell} = \sum_{i=1}^{n} \frac{\partial f}{\partial x_i}(\Phi(y))\frac{\partial \Phi_i(y)}{\partial y_\ell} \qquad (1 \leqq \ell \leqq m)$$

を得る. また右辺は y の連続関数となっているので $\widetilde{f}(y)$ は C^1 級である. ∎

2.7　関数で表される曲面と接平面

$D \subset \mathbb{R}^2$ を領域とする．f を D における C^1 級関数とする．この関数のグラフとして得られる図形は 3 次元空間 $\mathbb{R}^3$ の中の曲面となる．

$$M = \{(x_1, x_2, f(x_1, x_2)) \in \mathbb{R}^3 \mid (x_1, x_2) \in D\}$$

この曲面 M の接平面を考える．$a = (a_1, a_2) \in D$ を任意に取り $(a, f(a)) \in M$ を通る平面を考える．いま一次関数

$$x_3 = g(x_1, x_2) = f(a) + \frac{\partial f}{\partial x_1}(a)\,(x_1 - a_1) + \frac{\partial f}{\partial x_2}(a)\,(x_2 - a_2)$$

を考える．この関数のグラフと M を比較する．f の全微分の式を用いると f と g の差が

$$f(x_1, x_2) - g(x_1, x_2) = R(a, \xi), \quad \xi = (x_1 - a_1, x_2 - a_2)$$

と表現され

$$\lim_{\xi \to (0,0)} \frac{R(a, \xi)}{|\xi|} = 0 \qquad (\, R(a, \xi) = o(|\xi|) \,\, (\xi \to \mathbf{0}) \,)$$

が成立する．よって $R(a, \xi)$ は ξ の一次より高次のオーダーの微小量である．これによって $x_3 = f(x_1, x_2)$, $x_3 = g(x_1, x_2)$ のグラフの a におけるすべての方向の傾きが一致していることになる．すなわち 2 つのグラフは接している．M の $(a, f(a))$ における法線ベクトルは接平面の法線ベクトルでもある（図 **2.7** 参照）．すなわち次のもので代表させることができる．

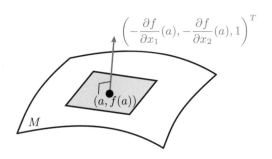

$$\left(-\frac{\partial f}{\partial x_1}(a), -\frac{\partial f}{\partial x_2}(a), 1 \right)^T$$

図 **2.7**　$x_3 = f(x_1, x_2)$ のグラフの法線ベクトル

$$\left(-\frac{\partial f}{\partial x_1}(a), -\frac{\partial f}{\partial x_2}(a), 1\right)^T$$

例題 2.4

$\mathbb{R}^3$ の曲面 $M : \frac{x_1^2}{4} + \frac{x_2^2}{2} + x_3^2 = 1$ 上の点 $p = (1, -1, \frac{1}{2})$ における接平面を求めよ. また, p における M の単位法線ベクトル ν を求めよ.

【解　答】　M を部分的に関数のグラフで表現する.

$$f(x_1, x_2) = \left(1 - \frac{x_1^2}{4} - \frac{x_2^2}{2}\right)^{\frac{1}{2}}$$

とおくと, $x_3 = f(x_1, x_2)$ のグラフの $\frac{x_1^2}{4} + \frac{x_2^2}{2} < 1$ の範囲は M の一部 ($x_3 > 0$ の部分) で $(1, -1, \frac{1}{2})$ を含んでいる.

$$\frac{\partial f}{\partial x_1} = -\frac{x_1}{4}\left(1 - \frac{x_1^2}{4} - \frac{x_2^2}{2}\right)^{-\frac{1}{2}}, \quad \frac{\partial f}{\partial x_2} = -\frac{x_2}{2}\left(1 - \frac{x_1^2}{4} - \frac{x_2^2}{2}\right)^{-\frac{1}{2}}$$

$a = (1, -1)$ を代入して $\frac{\partial f}{\partial x_1}(a) = -\frac{1}{2}$, $\frac{\partial f}{\partial x_2}(a) = 1$ となり, 平面の方程式は

$$x_3 - \frac{1}{2} = -\frac{1}{2}(x_1 - 1) + (x_2 + 1) \iff x_3 = -\frac{x_1}{2} + x_2 + 2,$$

$$\nu = \frac{1}{\sqrt{\frac{1}{4} + 1 + 1}}\left(\frac{1}{2}, -1, 1\right)^T = \frac{1}{3}(1, -2, 2)^T$$

これが単位法線ベクトルである. また $-\nu$ も単位法線ベクトルになる.

問 2.9　3 次元空間の 2 つの曲面

$$M_1 : x_1^2 + x_2^2 + x_3 = 1, \quad M_2 : x_1^2 + 2x_1 + x_2^2 + x_3 = 2$$

の両方に接する平面で点 $(0, 0, 6)$ を含むものを求めよ.

2.8 高階の偏微分可能性とテイラーの定理

前節までに関数について C^1 級の条件を設定して，この関数のクラスで議論してきた．今後，より滑らかな関数のクラスが必要となる．

C^m 級関数 領域 $D \subset \mathbb{R}^n$ における関数 $f = f(x)$ が C^1 級関数とする．各 i に対し偏導関数

$$\frac{\partial f}{\partial x_i}$$

がさらに C^1 級であるならば，その偏導関数

$$\frac{\partial}{\partial x_j} \frac{\partial f}{\partial x_i} \quad (1 \leqq j \leqq n)$$

が連続関数となるが，このような f を **C^2 級**という．$m \geqq 2$ を自然数として，f およびその偏導関数 $\frac{\partial f}{\partial x_i}$ $(1 \leqq i \leqq n)$ が C^m 級のとき，f を C^{m+1} 級という．

さて高階偏導関数について偏微分を施す順番に依存するのだろうか? たとえば C^2 級関数について $\frac{\partial}{\partial x_j} \frac{\partial f}{\partial x_i}$ と $\frac{\partial}{\partial x_i} \frac{\partial f}{\partial x_j}$ は一致するのだろうか．これは以下に見るように実は正しい．

命題 2.12 領域 $D \subset \mathbb{R}^n$ における f が C^2 級のとき

$$\frac{\partial}{\partial x_j} \left(\frac{\partial f}{\partial x_i} \right) = \frac{\partial}{\partial x_i} \left(\frac{\partial f}{\partial x_j} \right) \quad (1 \leqq i < j \leqq n)$$

この結果はシュワルツの定理と呼ばれる（証明は付録で与えられる）．これにより C^m 級の関数に関しては m 階までの偏導関数はその偏微分の操作をする順番によらないことになる．

高階偏導関数をシンプルに記述するため多重指数を導入する．

多重指数 非負整数の n 個の組 $\alpha = (\alpha_1, \alpha_2, \ldots, \alpha_n) \in (\mathbb{Z}_+)^n$ を**多重指数**という．これを用いて関数の高階偏微分を記述する．まず多重指数の大きさ（階数）および階乗の記号を準備する．

$$|\alpha| = \alpha_1 + \alpha_2 + \cdots + \alpha_n, \quad \alpha! = \alpha_1! \alpha_2! \cdots \alpha_n!$$

これらを用いて，次の単項式および偏微分作用素の記号を定める．

$$y^\alpha = y_1^{\alpha_1} y_2^{\alpha_2} \cdots y_n^{\alpha_n}, \quad \frac{\partial^\alpha f}{\partial x^\alpha} = \frac{\partial^{|\alpha|} f}{\partial x_1^{\alpha_1} \partial x_2^{\alpha_2} \cdots \partial x_n^{\alpha_n}}$$

このとき，次の結果が成立する.

1 変数版テイラーの定理 開区間 $J = (c, d)$ における 1 変数関数 $f = f(t)$ は J で C^m 級関数とする．但し $m \geqq 2$ と仮定する．**1 変数版のテイラーの定理** を述べる．このとき $t, t_0 \in J$ に対し，ある $\theta \in (0, 1)$ が存在し次が成立する.

$$f(t) = f(t_0) + \sum_{\ell=1}^{m-1} \frac{1}{\ell!} \frac{d^\ell f}{dt^\ell}(t_0) \, (t - t_0)^\ell + R_m(t_0, t),$$

$$R_m(t_0, t) = \frac{1}{m!} \frac{d^m f}{dt^m}(t_0 + \theta \, (t - t_0)) \, (t - t_0)^m \quad \text{（剰余項）}$$

注意 ここで θ は t, t_0 に依存する．よって $\theta = \theta(t_0, t)$ と書くこともある．また $0 < \theta(t_0, t) < 1$ も重要なので強調しておきたい.

｜定理 2.13（**多変数版テイラー[†] の定理**） $D \subset \mathbb{R}^n$ を領域とする．$m \geqq 2$ を 自然数とする．f は D で C^m 級関数とする．$a \in D$ に対し $B(a, r) \subset D$ を 仮定すると，$x \in B(a, r)$ に対し，ある $\theta = \theta(a, x) \in (0, 1)$ が存在して次が成立する.

$$f(x) = f(a) + \sum_{1 \leqq |\alpha| \leqq m-1} \frac{1}{\alpha!} \frac{\partial^\alpha f}{\partial x^\alpha}(a) \, (x - a)^\alpha + R_m(a, x),$$

$$R_m(a, x) = \sum_{|\alpha| = m} \frac{1}{\alpha!} \frac{\partial^\alpha f}{\partial x^\alpha}(a + \theta(x - a)) \, (x - a)^\alpha \quad \text{（剰余項）}$$

ここで $m = 2$ の場合でテイラーの定理の主張を見てみよう.

$$f(x) = f(a) + (\nabla f(a), x - a) + \frac{1}{2}((x - a), H(a + \theta \, (x - a)) \, (x - a))$$

となる．ここで，$\theta(a, x) \in (0, 1)$ であって $H(x)$ は $n \times n$ 行列となりヘッセ行列[‡] と呼ばる以下の行列値関数である.

[†]Brook Taylor 1685-1731：イギリスの数学者.

[‡]Ludwig Otto Hesse 1811-1874：ドイツの数学者.

$$H(x) = \left(\frac{\partial^2 f}{\partial x_i \partial x_j}(x) \right)_{1 \leqq i,j \leqq n}$$

念のため剰余項を詳しく書くと次の通りである.

$$R_2(a,x) = \frac{1}{2}((x-a),\, H(a+\theta(x-a))\,(x-a))$$

$$= \frac{1}{2} \sum_{i,j=1}^{n} \frac{\partial^2 f}{\partial x_i \partial x_j}(a+\theta\,(x-a))\,(x_i-a_i)(x_j-a_j)$$

$R_2(a,x) = O(|x-a|^2)\ (x \to a)$ となり，$R_2(a,x)$ は x が a の近くに存在するとき，$|x-a|$ の 2 次のオーダーの微小量となる．すなわち $f(x)$ は $x=a$ の近くで一次関数

$$y = f(a) + \frac{\partial f}{\partial x_1}(a)\,(x_1-a_1) + \frac{\partial f}{\partial x_2}(a)\,(x_2-a_2) + \cdots + \frac{\partial f}{\partial x_n}(a)\,(x_n-a_n)$$

で誤差 $O(|x-a|^2)$ 以内で近似できることを示している．

　証明　$a \in D,\ x \in B(a,r),\ F(t) = f(a+t(x-a))$ とすれば t の関数として $0 \leqq t \leqq 1$ で定義されている．F に関し 1 変数版のテイラーの定理を適用することを考える．$F(t)$ の t に関する ℓ 階微分を計算する．f の C^m 級の仮定より以下の操作が可能となる．合成関数の微分公式により

$$\frac{dF(t)}{dt} = \sum_{i=1}^{n} \frac{\partial f}{\partial x_i}(a+t(x-a))\,(x_i-a_i)$$

もう一度 t で微分する

$$\frac{d^2 F(t)}{dt^2} = \sum_{j=1}^{n} \sum_{i=1}^{n} \frac{\partial^2 f}{\partial x_i \partial x_j}(a+t(x-a))\,(x_i-a_i)(x_j-a_j)$$

となる．これを繰り返すことで次を得る．

$$\frac{d^\ell F(t)}{dt^\ell}$$

$$= \sum_{i_1,i_2,\ldots,i_\ell=1}^{n} \frac{\partial^\ell f}{\partial x_{i_1} \cdots \partial x_{i_\ell}}(a+t(x-a)) \cdot (x_{i_1}-a_{i_1}) \cdots (x_{i_\ell}-a_{i_\ell})$$

$$= \sum_{\alpha_1+\cdots+\alpha_n=\ell} \frac{(\alpha_1+\alpha_2+\cdots+\alpha_n)!}{\alpha_1!\,\alpha_2!\cdots\alpha_n!} \frac{\partial^\alpha f}{\partial x^\alpha}(a+t(x-a))\cdot(x-a)^\alpha$$

$$= \sum_{|\alpha|=\ell} \frac{\ell!}{\alpha!} \frac{\partial^\alpha f}{\partial x^\alpha}(a+t(x-a))\,(x-a)^\alpha$$

となり，以上のことを用いて 1 変数のテイラーの定理の式に代入して（$t=1, t_0=0$）結論を得る．上の式変形において C^m 級関数への偏微分はそれを行う順序によらないことから，次の多項定理の考えを用いた．

$$(X_1+X_2+\cdots+X_n)^\ell = \sum_{|\alpha|=\ell} \frac{\ell!}{\alpha_1!\,\alpha_2!\cdots\alpha_n!} X_1^{\alpha_1} X_2^{\alpha_2}\cdots X_n^{\alpha_n} \quad \blacksquare$$

関数のクラス名　領域 $D \subset \mathbb{R}^n$ に対して D 上の関数 f の滑らかさの度合いについて段階分けして名前を付ける．D において C^m 級関数の全体を $C^m(D)$ と書く．また $f \in C^m(D)$ のうち m 階までのすべての偏導関数

$$\frac{\partial^\alpha f}{\partial x^\alpha} \quad (|\alpha| \leqq m)$$

が D の閉包である $\overline{D}$ まで連続的に拡張できる関数の全体を $C^m(\overline{D})$ と記述する．

2.9 陰関数定理と超曲面

本節では関数の等高面によって図形を定めることを考える．以下 3 次元空間における関数を考察する．集合 $D \subset \mathbb{R}^3$ 上における C^1 級関数 F があるとする．このとき $F(x) = c$（c は定数）で表される集合について考察する．$c \in \mathbb{R}$ を任意に取り固定し

$$M = \{x \in D \mid F(x) = c\}$$

を定める．これが空集合でないとして話を進める．これは F の値が一定値の集合ということで**等高面**といわれる．但し 2 次元の面になっているかはまだわからないことに注意しよう．しかし，とりあえずそれを認めてこの面の法線方向がどうなるかの見当を付けることをする．$p \in M$ として $(\nabla F)(p) \neq \mathbf{0}$ を仮定する．これは**非退化条件**といわれる．まず p を通る M 内の曲線を取って考察する（存在は仮定する）．すなわち $\phi(t) = (\phi_1(t), \phi_2(t), \phi_3(t))$ $(-\delta < t < \delta)$ は M に含まれている C^1 級曲線であるとする（存在を仮定する）．また $\phi(0) = p$ を満たしているとする．

$$F(\phi(t)) = c \quad (-\delta < t < \delta)$$

であるから合成関数の微分公式により t で微分して次を得る．

$$\frac{d}{dt}F(\phi(t)) = \frac{\partial F}{\partial x_1}(\phi(t))\phi_1'(t) + \frac{\partial F}{\partial x_2}(\phi(t))\phi_2'(t) + \frac{\partial F}{\partial x_3}(\phi(t))\phi_3'(t) = 0$$

いま $t = 0$ を代入して，

$$\frac{\partial F}{\partial x_1}(p)v_1 + \frac{\partial F}{\partial x_2}(p)v_2 + \frac{\partial F}{\partial x_3}(p)v_3 = 0$$

となる．ここで $\phi'(0) = v = (v_1, v_2, v_3)^T$ として書き換えた．これはベクトルの内積の条件 $((\nabla F)(p), v) = 0$ に相当する．これは直交条件 $(\nabla F)(p) \perp v$ に一致する．さて v は曲線 ϕ が p を通過するときの接線方向のベクトルなので，曲線の選び方によって M に p で接するすべての方向を取り得ると考えられる．よって，ベクトル $\nu = (\nabla F)(p)$ は法線ベクトルになると考えられる（図 2.8 参照）．

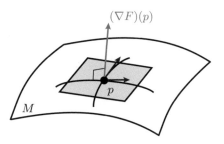

$$図 2.8 \quad 曲面の接平面と法線ベクトル$$

さて M 自体が 2 次元の集合となることを数学的に確定しよう. $p \in M$ において非退化条件が成立していることを踏まえて次の結果を述べる.

定理 2.14 F が p で非退化条件を満たすとする. このとき p の近傍で M はある C^1 級関数のグラフとして表現できる.

証明 仮定の非退化条件は

$$(\nabla F)(p) = \left(\frac{\partial F}{\partial x_1}(p), \frac{\partial F}{\partial x_2}(p), \frac{\partial F}{\partial x_3}(p) \right) \neq \mathbf{0}$$

で, ある番号 i について $\frac{\partial F}{\partial x_i}(p) \neq 0$ となることを意味する. そこで

$$\frac{\partial F}{\partial x_3}(p) > 0$$

を仮定して議論を進める (座標の番号を付け替え, 方程式を $-F(x) = -c$ として $-F$ を考えれば良いのでこれを仮定しても一般性を失わない). このとき平均値の定理により $s = s(x') \in (0,1)$ が存在して, 次のようになる.

$$F(x', x_3) - F(x', p_3) = \frac{\partial F}{\partial x_3}(x', (1-s)x_3 + s\,p_3)\,(x_3 - p_3)$$

但し $x' = (x_1, x_2)$, $p' = (p_1, p_2)$ と記す. $\zeta = \frac{1}{2}\frac{\partial F}{\partial x_3}(p) > 0$ とおく. $\frac{\partial F}{\partial x_3}$ の連続性より, ある $\delta > 0$ および $\delta' > 0$ があって次の不等式が成立する.

$$F(x', x_3) - F(x', p_3) \geqq \zeta\,(x_3 - p_3) \qquad (|x' - p'| < \delta',\ p_3 \leqq x_3 \leqq p_3 + \delta)$$

$$F(x', x_3) - F(x', p_3) \leqq \zeta\,(x_3 - p_3) \qquad (|x' - p'| < \delta',\ p_3 - \delta \leqq x_3 \leqq p_3)$$

これより次が成立する.

$$F(x', p_3 + \delta) - F(x', p_3) \geqq \zeta \delta$$
$$F(x', p_3 - \delta) - F(x', p_3) \leqq -\zeta \delta \qquad (|x' - p'| < \delta')$$

さらに $F(x', p_3)$ の x' に関する連続性を用いると, $\delta' > 0$ を小さく取り直して

$$F(x', p_3 + \delta) - F(p', p_3) \geqq \zeta \frac{\delta}{2}$$
$$F(x', p_3 - \delta) - F(p', p_3) \leqq -\zeta \frac{\delta}{2} \qquad (|x' - p'| < \delta')$$

となるので, 中間値の定理より $\varphi = \varphi(x') \in (p_3 - \delta, p_3 + \delta)$ があって

$$F(x', \varphi(x')) = F(p', p_3) = c \qquad (|x' - p'| < \delta')$$

を得る. $F(x', x_3)$ の x_3 に関する単調性より $\varphi(x')$ は x' ごとに一意である. $\varphi(x')$ の x' に関する連続性と C^1 級関数になることも示せる. 証明は省略する. この事実を認めた上で $\varphi(x')$ の偏微分を見ておく. $|x' - p'| < \delta'$ において

$$F(x', \varphi(x')) = c$$

これを x_1, x_2 で偏微分して, 合成関数の微分公式を適用して, 各 $i = 1, 2$ について

$$\frac{\partial F}{\partial x_3}(x', \varphi(x'))\frac{\partial \varphi(x')}{\partial x_i} + \frac{\partial F}{\partial x_i}(x', \varphi(x')) = 0$$

を得る. これから次を得る.

$$\frac{\partial \varphi(x')}{\partial x_i} = -\left(\frac{\partial F}{\partial x_3}(x', \varphi(x'))\right)^{-1}\frac{\partial F}{\partial x_i}(x', \varphi(x')) \quad (i = 1, 2) \quad \blacksquare$$

陰関数定理では, 方程式 $F(x_1, x_2, x_3) = c$ から p の近傍で $x_3 = \varphi(x_1, x_2)$ を取り出した. $F = c$ という式で定義された図形 M が φ のグラフの形で表現された. これは図形の方程式を通じて幾何的な性質を取り出す際に有用である.

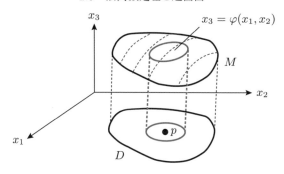

図 2.9 陰関数のグラフによる曲面の表現

命題 2.15 前定理の仮定の下で次を主張できる. p における法線ベクトルは $\nu = (\nabla F)(p)$ および定数倍であり, 接平面は次の方程式で与えられる.

$$\frac{\partial F}{\partial x_1}(p)\,(x_1 - p_1) + \frac{\partial F}{\partial x_2}(p)\,(x_2 - p_2) + \frac{\partial F}{\partial x_3}(p)\,(x_3 - p_3) = 0$$

証明 定理 2.14 の議論により座標番号を取り替えることで, 点 p の近くで M は $x_3 = \varphi(x_1, x_2)$ のグラフとして表現できる. そこで p を通る 2 つの曲線として

$$\phi(t) = (t + p_1, p_2, \varphi(t + p_1, p_2)), \quad \psi(t) = (p_1, t + p_2, \varphi(p_1, t + p_2))$$

$(-\delta < t < \delta)$ を取る. このとき 2 つの接ベクトル (p における)

$$\boldsymbol{v} = \phi'(0) = \left(1, 0, \frac{\partial \varphi}{\partial x_1}(p)\right), \quad \boldsymbol{w} = \psi'(0) = \left(0, 1, \frac{\partial \varphi}{\partial x_2}(p)\right)$$

は線形独立になっている. $F(\phi(t)) = F(p)$, $F(\psi(t)) = F(p)$ を t で微分して $t = 0$ として

$$((\nabla F)(p), \boldsymbol{v}) = 0, \quad ((\nabla F)(p), \boldsymbol{w}) = 0$$

となり, $(\nabla F)(p)$ が M における法線ベクトルとなる. これにより接平面が定理のものとなる. ■

本節の結果は一般次元 $n \geqq 2$ でも成立する.

高次元の超曲面 領域 $D \subset \mathbb{R}^n$ における C^1 級関数 F があるとする. 点 $p \in D$ を任意に取り固定する. そのとき集合 $M = \{x \in D \mid F(x) = F(p)\}$ を記述しよう. 実際 M は, 非退化条件の下で p の近傍で C^1 級関数のグラフとして表現できる.

定理 2.16 （陰関数定理） 上の状況において $(\nabla F)(p) \neq \mathbf{0}$ を仮定すれば以下が成立する. 座標番号を適当に並べ替え, ある $\delta > 0, \delta' > 0$ を取ることで C^1 級関数

$$\varphi : \Sigma'(p', \delta') = \prod_{i=1}^{n-1} (p_i - \delta', p_i + \delta') \longrightarrow \mathbb{R}$$

が存在し

$$M \cap (\Sigma'(p', \delta') \times (p_n - \delta, p_n + \delta)) = \{(x', \varphi(x')) \mid x' \in \Sigma'(p', \delta')\}$$

となる. ここで $p = (p', p_n)$, $x = (x', x_n)$ とした.

この結果を受けて $\mathbb{R}^n$ 内の超曲面の定義を与える.

定義 集合 $M \subset \mathbb{R}^n$ が C^1 級の $n-1$ 次元超曲面であるとは, 任意の $p \in M$ に対して, ある $\delta > 0$ および $B(p, \delta)$ における C^1 級関数 F があり $\nabla F(p) \neq \mathbf{0}$ かつ

$$M \cap B(p, \delta) = \{x \in B(p, \delta) \mid F(x) = F(p)\}$$

となることである.

2.10 領域と境界

集合 $D \subset \mathbb{R}^n$ とその境界の表現と滑らかさの定義を述べる. まず例として n 次元単位球 $D = \{x \in \mathbb{R}^n \mid x_1^2 + x_2^2 + \cdots + x_n^2 < 1\}$ を見る. この集合の境界は

$$\partial D = \{x \in \mathbb{R}^n \mid x_1^2 + x_2^2 + \cdots + x_n^2 = 1\}$$

となるが, これを局所的に関数のグラフで表現する. 境界上の任意の点 $z = (z_1, z_2, \ldots, z_n) \in \partial D$ を取る. ある座標番号 i があって $z_i \neq 0$ となる. よって, z の近くで ∂D は関数のグラフとして

$$x_i = \sqrt{1 - (x_1^2 + \cdots + x_{i-1}^2 + x_{i+1}^2 + \cdots + x_n^2)} \quad (z_i > 0 \,\text{のとき})$$

または

$$x_i = -\sqrt{1 - (x_1^2 + \cdots + x_{i-1}^2 + x_{i+1}^2 + \cdots + x_n^2)} \quad (z_i < 0 \,\text{のとき})$$

として表現できる. z の近くでみると根号の中はゼロにならないのでこの点の付近で, 右辺の関数は滑らかであり, 境界がグラフ表示される. この例を模範として前節の陰関数定理と併せて次の定義を与える.

定義 (C^1 **級領域**) 領域 $D \subset \mathbb{R}^n$ が C^1 級境界をもつ**領域**あるいは C^1 **級領域**であるとは, 任意の $z \in \partial D$ に対して, ある $\delta > 0$ および $B(z, \delta)$ における C^1 級関数 $F = F(x)$ があって, 次のことが成立することである.

$$F(z) = 0, \quad (\nabla F)(z) \neq \mathbf{0}, \quad D \cap B(z, \delta) = \{x \in B(z, \delta) \mid F(x) > 0\}$$

また ∂D のうち z の近くの部分は

$$\partial D \cap B(z, \delta) = \{x \in B(z, \delta) \mid F(x) = 0\}$$

と表現される.

説明 上の定義中の集合 D に対して, ∂D の各点において陰関数定理を適用して, その点の近傍では適当に座標番号 i を選択して境界が $n - 1$ 変数をもつ C^1 級関数 $\varphi(x_1, \ldots, x_{i-1}, x_{i+1}, \ldots, x_n)$ によって

$$x_i = \varphi(x_1, \ldots, x_{i-1}, x_{i+1}, \ldots, x_n)$$

とグラフで局所表示することが可能になる．

定義 （リプシッツ領域） 領域 $D \subset \mathbb{R}^n$ がリプシッツ領域であるとは，各 $z \in \partial D$ に対して，座標番号を適当に交換して D が z の近傍において，リプシッツ連続の関数 φ によって $x_n < \varphi(x_1, \dots, x_{n-1})$ と表せることとする．すなわち，ある $\delta > 0$ があり，$\Sigma'(z, \delta) = \Pi_{i=1}^{n-1}(z_i - \delta, z_i + \delta)$ 上のリプシッツ連続関数 φ を取って

$$D \cap \Sigma(z, \delta) = \{(x', x_n) \in \mathbb{R}^n \mid x_n < \varphi(x'),\, x' \in \Sigma'(z, \delta)\}$$

となることである．ここで $\Sigma(z, \delta) = \Sigma'(z, \delta) \times (z_n - \delta, z_n + \delta)$ である．

リプシッツ領域は C^1 級領域よりは一般のものである．矩形領域や多面体領域などは角があるため C^1 級領域ではないが，リプシッツ領域には該当する（図 2.10 参照）．

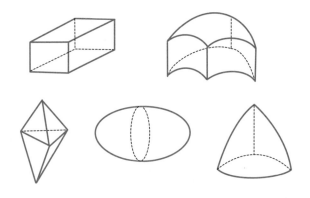

図 2.10 リプシッツ領域の例

演 習 問 題

2.1 集合
$$A = \{x \in \mathbb{R}^2 \mid 0 < |x| \leqq 2\},$$
$$B = \{(x_1, x_2) \in \mathbb{R}^2 \mid 0 < x_1 \leqq 1, \, 0 < x_1 x_2 \leqq 1\}$$
に対して $A^\circ, \partial A, B^\circ, \partial B$ を求め図示せよ.

2.2 任意の集合 $A \subset \mathbb{R}^n$ に対して次の法則が成立することを示せ.

(1) $(A^\circ)^c = \overline{(A^c)}$ (2) $\partial A = \partial(A^c)$

(3) $(A^\circ)^\circ = A^\circ$ (4) $\overline{(\overline{A})} = \overline{A}$

2.3 $\mathbb{R}^n$ における関数 $f(x) = (1 - |x|^2)^2$ に対して $\nabla f(x)$ を計算せよ.

2.4 $\mathbb{R}^3$ の曲面 $M : x_1^2 + 2x_2^2 - x_3 = 1$ 上の点 $(1, 1, 2)$ における接平面を求めよ.

2.5 $A \subset \mathbb{R}^n$ を空でない集合であるとする. 任意の $x \in \mathbb{R}^n$ に対して

$$\mathrm{dist}(x, A) = \inf\{|z - x| \mid z \in A\} \quad (\text{距離関数})$$

とおくとき, $|\mathrm{dist}(x, A) - \mathrm{dist}(y, A)| \leqq |x - y|$ $(x, y \in \mathbb{R}^n)$ を示せ. また $\mathrm{dist}(x, A)$ は $\mathbb{R}^n$ 上の連続関数となることを示せ.

2.6 2 次元ユークリッド空間 $\mathbb{R}^2$ で定義された関数 $f(x_1, x_2)$ が全微分可能で, ある定数 $L > 0$ に対し

$$\left(\frac{\partial f}{\partial x_1}\right)^2 + \left(\frac{\partial f}{\partial x_2}\right)^2 \leqq L^2 \quad (x = (x_1, x_2) \in \mathbb{R}^2)$$

が成り立つとき次の不等式を示せ.

$$|f(x) - f(y)| \leqq L|x - y| \quad (x, y \in \mathbb{R}^2)$$

2.7 $\mathbb{R}^3$ における 3 次以下の多項式関数

$$u(x) = \sum_{|\alpha| \leqq 3} a_\alpha x^\alpha \quad (a_\alpha : \text{実数定数}, \, \alpha : \text{多重指数})$$

で次の方程式 (**ラプラス方程式**) を満たすもの

$$\frac{\partial^2 u}{\partial x_1^2} + \frac{\partial^2 u}{\partial x_2^2} + \frac{\partial^2 u}{\partial x_3^2} = 0 \quad (x \in \mathbb{R}^3)$$

をすべて求めよ. 全体は何次元となるか.

2.8 α, β, γ は正定数とする. 3 次元ユークリッド空間 $\mathbb{R}^3$ において曲面

$$M : \frac{x_1^2}{\alpha} + \frac{x_2^2}{\beta} + \frac{x_3^2}{\gamma} = 1$$

を考える. S 上の点 $z = (z_1, z_2, z_3)$ における接平面の方程式を求めよ.

2.9　以下の $\mathbb{R}^3$ の 3 つの曲面 M_1, M_2, M_3

$$M_1 : x_3 = x_1^2 + x_2^2 + 3,$$
$$M_2 : x_3 = x_1^2 + 2x_1 + x_2^2,$$
$$M_3 : x_3 = -x_1^2 - x_2^2 + 4x_2 - 15$$

のすべてに接する平面を求めよ.

2.10　$\mathbb{R}^2$ における関数 $f(x) = (x_1^2 - x_2^2)e^{-x_1^2 - x_2^2}$ の最大値および最小値を求めよ.

2.11　球面 $S = \{x = (x_1, x_2, x_3) \in \mathbb{R}^3 \mid x_1^2 + x_2^2 + x_3^2 = 1\}$ における関数

$$f(x) = \alpha\, x_1 + \beta\, x_2 + \gamma\, x_3$$

の最大値および最小値を求めよ. ここで 実定数 α, β, γ のうち少なくとも 1 つはゼロでないとする.

2.12　$\mathbb{R}^3$ で以下の曲面 M を考える.

$$M : \frac{x_1^2}{2} + \frac{x_2^2}{2} + x_3^2 = 1$$

このとき，関数 $f(x) = x_1 - 3x_2 + x_3$ は M でいつ最大になるか調べよ.

2.13　$\mathbb{R}^2$ 上の全微分可能な関数 $u = u(x_1, x_2)$ は次の条件を満たすと仮定する.

$$\frac{\partial u}{\partial x_1} - \frac{\partial u}{\partial x_2} = 0 \quad (x = (x_1, x_2) \in \mathbb{R}^2), \qquad u(x_1, 0) = 0 \quad (x_1 \in \mathbb{R})$$

このとき u は恒等的に 0 であることを示せ.

2.14　$\mathbb{R}^2$ における関数 $f(x_1, x_2) = e^{x_1 - x_2} \sin(x_1 + x_2)$ に対し 2 次関数

$$g(x_1, x_2) = A_0 + A_1\, x_1 + A_2\, x_2 + A_{11} x_1^2 + A_{12}\, x_1\, x_2 + A_{22}\, x_2^2$$

を定めて $f(x_1, x_2) - g(x_1, x_2) = O(|x|^3)\ (x \to (0, 0))$ となるようにせよ.

2.15　$\mathbb{R}^n$ における関数 $F(x) = \exp(-|x|^2)$ は任意の $m \in \mathbb{N}$ に対し $F(x) = o(|x|^{-m})\ (|x| \to \infty)$ を満たすことを示せ.

2.16　（**凸集合**）　集合 $G \subset \mathbb{R}^n$ が凸集合であるとは，任意の $a, b \in G,\, t \in [0, 1]$ に対して $(1 - t)a + tb \in G$ となることである. G が凸集合であるとき $G^\circ, \overline{G}$ も凸集合になることを示せ.

2.17　$M \subset \mathbb{R}^n$ を閉凸集合であるとする. このとき，任意の $z \in M^c$ に対して，$p \in M$ が一意に存在して $|z - p| = \mathrm{dist}(z, M)$ となることを示せ. また $z \in M^c$ を固定するとき，ある一次関数 $f(x) = a_1 x_1 + a_2 x_2 + \cdots + a_n x_n - b$ が存在して

$$f(z) > 0, \quad f(x) < 0 \quad (x \in M)$$

となることを示せ.

2.18 $\phi = \phi(t), \psi = \psi(t)$ は $\mathbb{R}$ 上の連続関数, $f(x, y)$ は $\mathbb{R}^2$ における有界な連続関数であると仮定する. このとき 2 つの集合

$$E = \{(\phi(t), \psi(t), t) \in \mathbb{R}^3 \mid -\infty < t < \infty\},$$
$$F = \{(x, y, f(x, y)) \mid (x, y) \in \mathbb{R}^2\}$$

は共有点をもつことを示せ (ヒント:中間値の定理).

2.19 $a_1, a_2, \ldots, a_n$ を正定数とする. $\mathbb{R}^n$ の集合

$$D : \quad \frac{x_1^2}{a_1^2} + \frac{x_2^2}{a_2^2} + \cdots + \frac{x_n^2}{a_n^2} \leqq 1$$

の境界 ∂D の上の点 $p = (p_1, p_2, \ldots, p_n)$ における外向き法線単位ベクトル $\nu(p)$ を求めよ.

2.20 f は開区間 J において C^m 級関数であると仮定する. 2.8 節の 1 変数版テイラーの定理において, $t_0 \in J$ におけるテイラー展開の剰余項 $R_m(t_0, t)$ は以下のような表示もできることを示せ.

$$R_m(t_0, t) = \frac{1}{(m-1)!} \int_0^1 (1-\theta)^{m-1} \frac{d^m f}{dx^m}(t_0 + \theta(t - t_0)) d\theta \, (t - t_0)^m$$

2.21 領域 $D \subset \mathbb{R}^n$ は凸集合であると仮定する. 関数 $f : D \longrightarrow \mathbb{R}$ が**凸関数**であるとは任意の $x, y \in D$ に対して

$$f((1-t)x + ty) \leqq (1-t)f(x) + tf(y) \qquad (0 \leqq t \leqq 1)$$

となることである. もしこの f が C^2 級ならば f のヘッセ行列 $H(x)$ は任意のベクトル $\boldsymbol{u} \in \mathbb{R}^n$, $x \in D$ に対して $(H(x)\boldsymbol{u}, \boldsymbol{u}) \geqq 0$ を満たすことを示せ.

2.22 空でない凸集合 $A \subset \mathbb{R}^n$ に対して関数 $f(x) = \mathrm{dist}(x, A)$ は凸関数になることを示せ.

2.23 領域 $D \subset \mathbb{R}^n$ における C^1 級関数 f があるとする. このとき, C^1 級関数 $\phi : \mathbb{R} \longrightarrow \mathbb{R}$ に対して, 合成関数 $(\phi \circ f)(x)$ は C^1 級となることを示せ.

2.24 $\mathbb{R}^n$ において有界な関数 f が凸関数であると仮定する. このとき f は定数関数となることを示せ.

2.25 $A, D \subset \mathbb{R}^n$ に対して, 次を示せ.

(1) $\overline{A \cup D} = \overline{A} \cup \overline{D}$ (2) $\overline{A \cap D} \subset \overline{A} \cap \overline{D}$

(3) $(A \cup D)^\circ \supset (A^\circ) \cup (D^\circ)$ (4) $(A \cap D)^\circ = (A^\circ) \cap (D^\circ)$

2.26 A, D は $\mathbb{R}^n$ の部分集合とする. A が開集合であることと $A \cap \partial A = \emptyset$ とは同値であることを示せ. また D が閉集合であることと $\partial D \subset D$ とは同値であることを示せ.

第 3 章
多変数解析の基礎II（積分）

本章では積分論の基本を説明する．長方形の面積を底辺かける高さで計算することは自然で昔も今も同じである．図形の面積を考えることは古代ギリシアの時代から行われてきた．図形の境界が曲がっていても，全体を小さく分けて長方形や三角形などの単純なものに分解して近似値を計算する考え方は有効で，理論でも実用でも広く用いられている．本章では関数の定積分の基礎理論を論述する．その後に逐次積分や変数変換に関する計算の法則や実例を扱う．記号の複雑さを避けるため，まず空間次元 $n = 2$ の場合を扱い，その後高次元の場合に一般化する．

3.1　重積分の基礎（2次元）

まず 2 次元空間 $\mathbb{R}^2$ における集合での積分論を展開する．以下基本となる矩形とその面積の定義から始めよう．この節では $\mathbb{R}^2$ の点の座標に (x, y) を用いる．x_1, x_2, y_1, y_2 を実数として 2 次元の矩形集合（長方形）

$$I = [x_1, x_2] \times [y_1, y_2] = \{(x, y) \in \mathbb{R}^2 \mid x_1 \leqq x \leqq x_2,\ y_1 \leqq y \leqq y_2\}$$

を考える．但し $x_1 \leqq x_2,\ y_1 \leqq y_2$ とした．この矩形集合の面積（2次元測度ともいう）を，次のように定める．

$$\mu(I) = (x_2 - x_1)(y_2 - y_1)$$

矩形集合上の関数の重積分　特別な場合として矩形領域（長方形領域）$K = [a, b] \times [c, d]$ を考察して，その上での有界な関数 f の重積分を考える．関数

$$f : K \longrightarrow \mathbb{R}$$

に対して, 積分

$$\iint_K f(x, y)\, dx\, dy$$

を定めることが目標となる. そのため定積分の近似値に相当する**リーマン和**を定める. 以下は 1 変数関数の区分求積の方法を多変数の場合に一般化したものである. そのため, 矩形の各辺を小区間に分ける. 小さい矩形集合の合併として K を表す. このような区分けを**分割**といい, その仕方を Δ と名前を付ける.

$$(*) \qquad \Delta : \begin{cases} a = x_0 \leqq x_1 \leqq \cdots \leqq x_i \leqq \cdots \leqq x_p = b \\ c = y_0 \leqq y_1 \leqq \cdots \leqq y_j \leqq \cdots \leqq y_q = d \end{cases}$$

この分け方から個々の小矩形に名前を付けて $K(i, j) = [x_{i-1}, x_i] \times [y_{j-1}, y_j]$ とおけば K は $K(i, j)$ の合併として表され, 面積も小矩形集合の面積を合算したものとなる.

$$K = \bigcup_{1 \leqq i \leqq p, 1 \leqq j \leqq q} K(i, j), \qquad \mu(K) = \sum_{i=1}^{p} \sum_{j=1}^{q} \mu(K(i, j))$$

分割を細かくしてゆく過程を制御するため Δ のサイズを定める.

$$|\Delta| := \max_{1 \leqq i \leqq p, 1 \leqq j \leqq q} (|x_i - x_{i-1}|^2 + |y_j - y_{j-1}|^2)^{\frac{1}{2}}$$

$$= \max_{1 \leqq i \leqq p, 1 \leqq j \leqq q} \mathrm{Diam}(K(i, j))$$

とおく. さて各 $K(i, j)$ $(1 \leqq i \leqq p, 1 \leqq j \leqq q)$ から代表点 $z(i, j)$ を任意に取る. そこでリーマン和を次の通り定める.

$$S(f, \Delta, \{z(i, j)\}_{1 \leqq i \leqq p, 1 \leqq j \leqq q}) = \sum_{i=1}^{p} \sum_{j=1}^{q} f(z(i, j))\, \mu(K(i, j))$$

もし f が各 $K(i, j)^\circ$ においては定数関数となるような, 階段状の関数ならば, これを定積分として良い. しかし, 一般の f はそれぞれの $K(i, j)$ 上で変動し $f(z(i, j))$ から変化するのでリーマン和は定積分の近似値の位置付けとなる (図**3.1**).

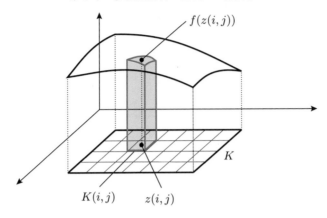

図 3.1 リーマン和

定義 関数 f が K においてリーマン[†] **積分可能**とは，ある一定値 A があって，分割 Δ が細かくなる極限 $|\Delta| \to 0$ においてリーマン和 $S(f, \Delta, \{z(i,j)\}_{1 \leqq i \leqq p, 1 \leqq j \leqq q})$ が一定値 A に収束することと定める．

また

$$\iint_K f(x, y)\, dx\, dy = A$$

とおく．ここで注意すべきことは $|\Delta| \to 0$ の過程において分割の取り方がより精細になり（p, q も増大し），また，それに伴って代表点の取り方も変遷してゆくが，それに関わらず $S(f, \Delta, \{z(i,j)\}_{1 \leqq i \leqq p, 1 \leqq j \leqq q})$ が一定値に収束することを要求しているのである．さてどのような f に対して K でリーマン積分可能になるのであろうか？たとえば，f が連続ならばそうなることが知られている．それを見るためのいくつかの準備をする．

過剰リーマン和，不足リーマン和

$$S^*(f, \Delta) = \sum_{i=1}^{p} \sum_{j=1}^{q} \left(\sup_{z \in K(i,j)} f(z) \right) \mu(K(i,j)) \quad （過剰リーマン和）$$

[†]Georg Friedrich Bernhard Riemann 1826-1866：ドイツの数学者，多くの分野で業績がある，リーマンの名前の付いた用語は多い．

$$S_*(f, \Delta) = \sum_{i=1}^{p} \sum_{j=1}^{q} \left(\inf_{z \in K(i,j)} f(z) \right) \mu(K(i,j)) \quad (\text{不足リーマン和})$$

この2つの量はリーマン和を上下から挟んでいる，すなわち，リーマン和を含めた3つの量は次の関係をもつ（定義から直ちに従う）（図 **3.2**）．

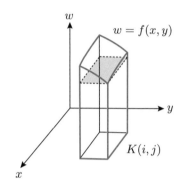

図 **3.2** 不足リーマン和—$K(i,j)$ での $f(x,y)$ と $\inf(f, K(i,j))$

命題 3.1（比較原理）

$$\left(\inf_{x \in K} f(x) \right) \mu(K) \leqq S_*(f, \Delta) \leqq S(f, \Delta, \{z(i,j)\}_{1 \leqq i \leqq p, 1 \leqq j \leqq q})$$

$$\leqq S^*(f, \Delta) \leqq \left(\sup_{x \in K} f(x) \right) \mu(K)$$

分割の細分 分割 Δ において，各辺において分点を新たに追加して新しい K の分割 Δ' を作る．これを Δ の**細分**と呼び，この2つの分割の関係を $\Delta \preceq \Delta'$（Δ' は Δ より細かい）と表す．

分割の合併 2つの分割 Δ_1, Δ_2 があるとき，各辺において2つの分割を与えている分点を合併してできるさらなる細分を $\Delta_1 \vee \Delta_2$ と表す．このとき $\Delta_1 \preceq \Delta_1 \vee \Delta_2$ かつ $\Delta_2 \preceq \Delta_1 \vee \Delta_2$ となる．

　分割が細分されてより精細なものになれば，過剰和や不足和は無駄が省けてより近似の精度が上がると考えられる．そのことを式で記述する．

命題 3.2 $\Delta \preceq \Delta'$ ならば次の関係が成立する.

$$S_*(f, \Delta) \leqq S_*(f, \Delta') \leqq S^*(f, \Delta') \leqq S^*(f, \Delta)$$

過剰リーマン和および不足リーマン和は $|\Delta| \to 0$ のとき極限値をもつことが主張できる.

定理 3.3 (ダルブー[†]) f は K 上の有界な関数とする. このとき Δ が細かくなる極限において, 過剰リーマン和, 不足リーマンはそれぞれ極限値をもつ. すなわち, 次が成立する.

$$\lim_{|\Delta| \to 0} S^*(f, \Delta) = \inf\{S^*(f, \Delta) \mid \Delta : K \, \text{の分割}\} \quad (= S^*(f))$$

$$\lim_{|\Delta| \to 0} S_*(f, \Delta) = \sup\{S_*(f, \Delta) \mid \Delta : K \, \text{の分割}\} \quad (= S_*(f))$$

(証明は煩雑なので他の書物に任せる (参考文献 杉浦 [4], 小平 [6]))

この定理と比較原理により, もし $S^*(f)$, $S_*(f)$ が一致するならば**リーマン積分可能**が従う[‡]. その仕組みを活用するためリーマンの過剰和と不足和の差 $S^*(f, \Delta) - S_*(f, \Delta)$ を評価する不等式を作る. 第 2 章の例題 2.3 を適用することで

$$0 \leqq S^*(f, \Delta) - S_*(f, \Delta) = \sum_{i=1}^{p} \sum_{j=1}^{q} \mathrm{var}(f, K(i, j)) \mu(K(i, j))$$

$$\leqq \sum_{i=1}^{p} \sum_{j=1}^{q} \sup_{z \in K} \mathrm{var}(f, B(z, |\Delta|) \cap K) \mu(K(i, j))$$

$$= \left(\sup_{z \in K} \mathrm{var}(f, B(z, |\Delta|) \cap K) \right) \mu(K)$$

を得る. もし f が K (有界閉集合) において連続ならば一様連続となり第 2 章の命題 2.7 の結果により上の不等式の最右辺は 0 に収束し

[†]Jean Gaston Darboux 1842-1917 : フランスの数学者, 微分形式の定理でも有名.

[‡]$S^*(f)$, $S_*(f)$ をそれぞれリーマンの上積分, 下積分という.

$$(**) \qquad \lim_{|\Delta| \to 0} (S^*(f, \Delta) - S_*(f, \Delta)) = 0$$

が従う．よって，定理 3.3 や比較原理（命題 3.1），はさみうち原理を適用して f はリーマン積分可能となる．この結果をまとめ，さらに定積分の計算手順を与える逐次積分の公式も与える．

定理 3.4 f が矩形集合 $K = [a, b] \times [c, d]$ において連続ならばリーマン積分可能である．そして次の逐次積分の公式が成立する．

$$\iint_K f(x, y) dx\, dy = \int_a^b \left(\int_c^d f(x, y) dy \right) dx = \int_c^d \left(\int_a^b f(x, y) dx \right) dy$$

証明 3.1 節 $(*)$ における K の分割 Δ を取る．$a \leqq x \leqq b$ として

$$F(x) = \int_c^d f(x, y)\, dy = \sum_{j=1}^q \int_{y_{j-1}}^{y_j} f(x, y)\, dy$$

とおくと，これは x の連続関数となる．$F(x)$ の上からの評価をする．

$$F(x) \leqq \sum_{j=1}^q \left(\sup_{y_{j-1} \leqq y \leqq y_j} f(x, y) \right) (y_j - y_{j-1})$$

よって

$$\int_a^b F(x) dy = \sum_{i=1}^p \int_{x_{i-1}}^{x_i} F(x) dx$$

$$\leqq \sum_{i=1}^p \int_{x_{i-1}}^{x_i} \sum_{j=1}^q \left(\sup_{y_{j-1} \leqq y \leqq y_j} f(x, y) \right) (y_j - y_{j-1}) dx$$

$$\leqq \sum_{i=1}^p \sum_{j=1}^q \left(\sup_{x_{i-1} \leqq x \leqq x_i, y_{j-1} \leqq y \leqq y_j} f(x, y) \right) (x_i - x_{i-1})(y_j - y_{j-1})$$

$$= \sum_{i=1}^p \sum_{j=1}^q \left(\sup_{z \in K(i,j)} f(z) \right) \mu(K(i,j)) = S^*(f, \Delta)$$

下からの評価を同様に行って

$$\int_a^b F(x)dx \geqq S_*(f, \Delta)$$

を得る．以上をまとめて

$$S_*(f, \Delta) \leqq \int_a^b F(x)dx \leqq S^*(f, \Delta)$$

ここで，$|\Delta| \to 0$ の極限を取ると，定理 3.3 と $(**)$ によって $S^*(f, \Delta)$，$S_*(f, \Delta)$ は同一の極限値 $\int_a^b F(x)dx$ をもつ．よって命題 3.1 によりリーマン和 $S(f, \Delta, \{z(i, j)\}_{1 \leqq i \leqq p, 1 \leqq q})$ はこの極限値をもつ．従って f は K においてリーマン積分可能となり

$$\iint_K f(x, y)dxdy = \int_a^b F(x)dx$$

を得る．x, y の役割を交換して 2 つ目の公式を得る．■

例題 3.1

$D = \{(x, y) \in \mathbb{R}^2 \mid 0 \leqq x \leqq 2, 1 \leqq y \leqq 2\}$ に対し，次の積分を計算せよ．

$$J = \iint_D (x + y)^2 dx\, dy$$

【解　答】　累次積分の公式により計算を実行する．

$$J = \int_1^2 \left(\int_0^2 (x + y)^2 dx \right) dy = \int_1^2 \left[\frac{1}{3}(x + y)^3 \right]_{x=0}^{x=2} dy$$

$$= \frac{1}{3} \int_1^2 \{(2 + y)^3 - y^3\}dy = \frac{1}{3} \left[\frac{1}{4}(2 + y)^4 - \frac{1}{4}y^4 \right]_{y=1}^{y=2}$$

$$= \frac{1}{12}(4^4 - 2^4 - 3^4 + 1) = \frac{256 - 16 - 81 + 1}{12} = \frac{40}{3}$$

3.2　一般集合上の重積分

矩形集合以外の境界が曲がった集合ではどうであろうか?

一般の有界集合 D 上の関数 f のリーマン積分可能の定義を定める. D の有界性により適当に $a, b, c, d \in \mathbb{R}$ を $a < b$, $c < d$ で $D \subset [a,b] \times [c,d] = K$ となるように取っておく. 次に $\widetilde{f}$ を

$$\widetilde{f}(x,y) = \begin{cases} f(x,y) & ((x,y) \in D) \\ 0 & ((x,y) \in K \setminus D) \end{cases}$$

とする. このような $\widetilde{f}$ を f の**ゼロ拡張**という (図 3.3).

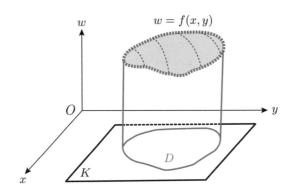

図 3.3　$f(x,y)$ のゼロ拡張

定義　f が D 上でリーマン積分可能であるとは, $\widetilde{f}$ が矩形集合 K 上でリーマン積分可能であることである. また積分値を次で定める.

$$\iint_D f(x,y)dx\,dy = \iint_K \widetilde{f}(x,y)dx\,dy$$

さて, いつ f は D 上でリーマン積分可能となるであろうか. D が有界閉集合で f が連続関数なら良いのだろうか? 一般にはそれは正しくない. ここでは縦線形集合と呼ばれる少し特別な集合における連続関数の積分可能性を論じる. まずその集合の定義から始める.

定義　実数 $a \leqq b$ に対し，区間 $[a,b]$ における連続関数 $\phi_1 = \phi_1(t), \phi_2 = \phi_2(t)$ が $\phi_1(t) \leqq \phi_2(t)$ $(a \leqq t \leqq b)$ を満たすと仮定する．そして集合 D を

$$D = \{(x,y) \in \mathbb{R}^2 \mid \phi_1(x) \leqq y \leqq \phi_2(x), \ a \leqq x \leqq b\} \quad （図 \textbf{3.4}）$$

で与えて，この D を縦線形集合という．これは 2 つの関数 $y = \phi_1(x), y = \phi_2(x)$ のグラフに挟まれた区域であり，有界閉集合となる．最大値最小値の定理により ϕ_1, ϕ_2 は $[a,b]$ で有界となり（最大値最小値をもつので），定数 c, d を取って $D \subset K = [a,b] \times [c,d]$ とすることができる．

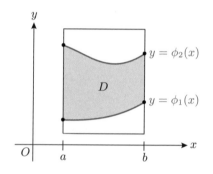

図 **3.4**　2 次元の縦線形集合

　以下縦線形集合 D 上の連続関数の積分可能性を論じる．そのため以下の準備をする．

命題 **3.5**　$f(x,y)$ は上に与えた D 上の連続関数とする．このとき関数

$$F(x) = \int_{\phi_1(x)}^{\phi_2(x)} f(x,y)dy$$

は $a \leqq x \leqq b$ において連続である．

　証明　$x, x+h \in [a,b]$ として以下の評価をする．

$$J(x,h) = F(x+h) - F(x) = \int_{\phi_1(x+h)}^{\phi_2(x+h)} f(x+h,y)dy - \int_{\phi_1(x)}^{\phi_2(x)} f(x,y)dy$$

$$= \int_{\phi_2(x)}^{\phi_2(x+h)} f(x+h,y)dy - \int_{\phi_1(x)}^{\phi_1(x+h)} f(x+h,y)dy$$

$$+ \int_{\phi_1(x)}^{\phi_2(x)} (f(x+h,y) - f(x,y))dy$$

f が有界閉集合である D 上で一様連続であり，ϕ_1, ϕ_2 は $[a,b]$ で一様連続となることから，次の項目が成立する.

(i) ある $M > 0$ があって $|f(x,y)| \leqq M \ ((x,y) \in D)$ となる.

(ii) 任意の $\varepsilon > 0$ に対して，ある $\delta = \delta_0(\varepsilon) > 0$ があって

$$|f(x+h,y) - f(x,y)| < \varepsilon \quad ((x,y) \in D, |h| < \delta_0)$$

(iii) 任意の $\varepsilon > 0$ に対して，$\delta_1(\varepsilon) > 0, \delta_2(\varepsilon) > 0$ があって

$$|\phi_1(x+h) - \phi_1(x)| < \varepsilon \quad (|h| < \delta_1(\varepsilon), \ x, x+h \in [a,b])$$

$$|\phi_2(x+h) - \phi_2(x)| < \varepsilon \quad (|h| < \delta_2(\varepsilon), \ x, x+h \in [a,b])$$

が成立する. これらを利用する.

$$
\begin{aligned}
|J(x,h)| \leqq & \left| \int_{\phi_2(x)}^{\phi_2(x+h)} f(x+h,y)dy \right| + \left| \int_{\phi_1(x)}^{\phi_1(x+h)} f(x+h,y)dy \right| \\
& + \left| \int_{\phi_1(x)}^{\phi_2(x)} (f(x+h,y) - f(x,y))dy \right| \\
\leqq & \ M|\phi_2(x+h) - \phi_2(x)| + M|\phi_1(x+h) - \phi_1(x)| \\
& + (d-c)\sup\{|f(x+h,y) - f(x,y)| \mid \phi_1(x) \leqq y \leqq \phi_2(x)\}
\end{aligned}
$$

よって

$$\delta(\varepsilon) = \min\left(\delta_0\left(\frac{\varepsilon}{3(d-c)}\right), \delta_1\left(\frac{\varepsilon}{3M}\right), \delta_2\left(\frac{\varepsilon}{3M}\right) \right)$$

とおくと，$\delta(\varepsilon) > 0$ となり，$|h| < \delta(\varepsilon)$ ならば

$$|\phi_2(x+h) - \phi_2(x)| < \frac{\varepsilon}{3M}, \quad |\phi_1(x+h) - \phi_1(x)| < \frac{\varepsilon}{3M}$$

$$|f(x+h,y) - f(x,y)| < \frac{\varepsilon}{3(d-c)} \quad (a \leqq x \leqq b, \phi_1(x) \leqq y \leqq \phi_2(x))$$

であるから $|J(x,h)| < \frac{\varepsilon}{3} + \frac{\varepsilon}{3} + \frac{\varepsilon}{3} = \varepsilon$ となり，任意の $x \in [a,b]$ に対し，次が示された．$\lim_{h \to 0} F(x+h) = F(x) \quad (x \in [a,b])$ ■

定理 3.6　f が上に与えた縦線形集合 D において連続であるならば，D 上リーマン積分可能になる．また次の公式が成立する．

$$\iint_D f(x,y)dxdy = \int_a^b \left(\int_{\phi_1(x)}^{\phi_2(x)} f(x,y)dy \right) dx \quad \text{（逐次積分の公式）}$$

注意　命題 3.5 により右辺が有限確定値になることに注意しよう．この公式によって，矩形集合と同様に縦線形集合上の重積分は 1 変数の積分の繰り返しによって表現することができる．この操作を**逐次積分**あるいは**累次積分**と呼ぶ．f が D で連続であっても $\widetilde{f}$ は K では連続にはならないので，証明ではその不連続性の与える影響を見積もることが必要となる．

　証明　記号の複雑化を避け，議論の流れを明確化するため特別な場合について証明をする．以下，ϕ_1 は定数関数で ϕ_2 はリプシッツ連続であるケースを考える．すなわち，ある $L > 0$ があって

$$\phi_1(x) \equiv c, \quad |\phi_2(x) - \phi_2(x')| \leqq L|x - x'| \quad (x, x' \in [a,b])$$

とする．f は D で有界なので，ある $M > 0$ があって D 上で $|f(x,y)| \leqq M$ となる．再び K の分割 $(*)$ を用いる．

$$F(x) = \int_c^{\phi_2(x)} f(x,y)\,dy = \int_c^d \widetilde{f}(x,y)\,dy$$

とおく．定理 3.4 の証明と同様に，この積分を過剰和と不足和で比較する．

$$\int_a^b F(x)dy \leqq \sum_{i=1}^p \sum_{j=1}^q \left(\sup_{z \in K(i,j)} \widetilde{f}(z) \right) \mu(K(i,j)) = S^*(\widetilde{f}, \Delta),$$

$$\int_a^b F(x)dy \geqq \sum_{i=1}^p \sum_{j=1}^q \left(\inf_{z \in K(i,j)} \widetilde{f}(z) \right) \mu(K(i,j)) = S_*(\widetilde{f}, \Delta)$$

さて f のゼロ拡張 $\widetilde{f}$ のリーマンの過剰和と不足和の差は

$$r(\widetilde{f}, \Delta) := S^*(\widetilde{f}, \Delta) - S_*(\widetilde{f}, \Delta) = \sum_{i=1}^{p} \sum_{j=1}^{q} \mathrm{var}(\widetilde{f}, K(i,j))\, \mu(K(i,j))$$

である. さて $|\Delta| \to 0$ の極限を取るとき $r(\widetilde{f}, \Delta)$ を見てゆく. $(*)$ の分割において すべての小矩形 $K(i,j)$ $(1 \leqq i \leqq p, 1 \leqq j \leqq q)$ を 3 つに場合分けする. $\widetilde{f}$ が不連続になる集合は D の境界のうち以下の曲線部分 $\Gamma = \{(x, \phi_2(x)) \in K \mid a \leqq x \leqq b\}$ である. 番号のペア $(i,j) \in \{1, 2, \ldots, p\} \times \{1, 2, \ldots, q\}$ を次の 3 つの場合 (1), (2), (3) に対応させてクラス分けして $\Lambda_1, \Lambda_2, \Lambda_3$ とする.

(1) $\Gamma \cap K(i,j) \neq \emptyset$, (2) $(K \setminus D) \supset K(i,j)$, (3) $(D \setminus \Gamma) \supset K(i,j)$

まず $(i,j) \in \Lambda_2$ は $r(\widetilde{f}, \Delta)$ での貢献はゼロである. すなわち

$$r^{(2)}(\widetilde{f}, \Delta) := \sum_{(i,j) \in \Lambda_2} \mathrm{var}(\widetilde{f}, K(i,j))\mu(K(i,j)) = 0$$

一方, $(i,j) \in \Lambda_3$ に対し, $\widetilde{f}$ は $K(i,j)$ で f に一致するので

$$\mathrm{var}(\widetilde{f}, K(i,j)) \leqq \sup_{z \in D} \mathrm{var}(f, D \cap B(z, |\Delta|)) \quad ((i,j) \in \Lambda_3),$$

$$\begin{aligned}
r^{(3)}(\widetilde{f}, \Delta) : &= \sum_{(i,j) \in \Lambda_3} \mathrm{var}(\widetilde{f}, K(i,j))\mu(K(i,j)) \\
&\leqq \sum_{(i,j) \in \Lambda_3} \sup_{z \in D} \mathrm{var}(f, D \cap B(z, |\Delta|))\mu(K(i,j)) \\
&\leqq \sup_{z \in D} \mathrm{var}(f, D \cap B(z, |\Delta|))\mu(K)
\end{aligned}$$

次に Λ_1 に対する和を考える.

$$\begin{aligned}
r^{(1)}(\widetilde{f}, \Delta) &:= \sum_{(i,j) \in \Lambda_1} \mathrm{var}(\widetilde{f}, K(i,j))(x_i - x_{i-1})(y_j - y_{j-1}) \\
&= \sum_{i=1}^{p} \left(\sum_{\{j \mid (i,j) \in \Lambda_1\}} \mathrm{var}(\widetilde{f}, K(i,j))(y_j - y_{j-1}) \right) (x_i - x_{i-1})
\end{aligned}$$

$$\leqq \sum_{i=1}^{p} \left(\sum_{\{j|(i,j)\in\Lambda_1\}} \left(2 \sup_{(x,y)\in D} |f(x,y)| \right) (y_j - y_{j-1}) \right) (x_i - x_{i-1})$$

$$= 2M \sum_{i=1}^{p} \left(\sum_{\{j|(i,j)\in\Lambda_1\}} (y_j - y_{j-1}) \right) (x_i - x_{i-1})$$

ここで ϕ_2 が $[a,b]$ でリプシッツ連続である条件を用いると

$$\sum_{\{j|(i,j)\in\Lambda_1\}} (y_j - y_{j-1}) \leqq L|x_i - x_{i-1}| + 2|\Delta| \leqq (L+2)|\Delta| \quad (1 \leqq i \leqq p)$$

となるから（図 3.5），これを用いて

$$r^{(1)}(\widetilde{f},\Delta) \leqq 2M \sum_{i=1}^{p} (L+2)|\Delta|(x_i - x_{i-1}) = 2M(L+2)(b-a)|\Delta|$$

を得る．これより $|\Delta| \to 0$ のとき

$$0 \leqq r(\widetilde{f},\Delta) = r^{(1)}(\widetilde{f},\Delta) + r^{(2)}(\widetilde{f},\Delta) + r^{(3)}(\widetilde{f},\Delta)$$

$$\leqq \sup_{z\in D} \mathrm{var}(f, D \cap B(z,|\Delta|))\mu(K) + 2M(L+2)(b-a)|\Delta| \to 0$$

となり，$\widetilde{f}$ の K におけるリーマンの過剰和と不足和の差が $|\Delta| \to 0$ のとき，ゼロに収束し，最初の不等式から両者は $\int_a^b F(x)dx$ に収束することがわかる．はさみうち原理によりリーマン和もこの極限値に収束することが示された．■

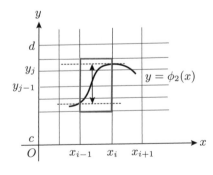

図 3.5　$x_{i-1} \leqq x \leqq x_i$ での Λ_1 に該当する $K(i,j)$

別のタイプの縦線形集合　上の図形 D について x 成分と y 成分を反転してできるタイプの集合

$$D' = \{(x,y) \in \mathbb{R}^2 \mid \psi_1(y) \leqq x \leqq \psi_2(y),\ c \leqq y \leqq d\} \quad \text{（図 3.6）}$$

も，**縦線形集合**という[†]．そして D と同様の定理を得ることができる．

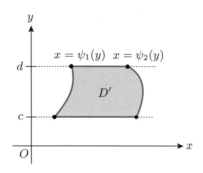

図 3.6　別のタイプの 2 次元縦線形集合

定理 3.7　f が縦線形集合 D' において連続であるならば，D' 上リーマン積分可能になる．また次の逐次積分の公式が成立する．

$$\iint_{D'} f(x,y)dx\,dy = \int_c^d \left(\int_{\psi_1(y)}^{\psi_2(y)} f(x,y)dx \right) dy$$

　縦線形集合が重積分において基本的であると考えられる理由は，一般の有界なリプシッツ領域の閉包 Q は上の形の D や D' のタイプの有限個の和に表されるからである．有界なリプシッツ領域上の重積分を，適当に分解して計算して合算すれば全体の重積分となる．この結果をまとめて記述しておく．

定理 3.8　f が有界なリプシッツ領域の閉包で連続であるならば，リーマン積分可能になる．

[†] $D,\ D'$ の積分を考える上での図形的意味合いは同じ．横線形集合とはいわない．

例　円環集合 $D = \{(x,y) \in \mathbb{R}^2 \mid 1 \leqq |x| + |y| \leqq 2\}$ は縦線形集合ではない（図 3.7）．D を分割して

$$D_1 = \{(x,y) \in \mathbb{R}^2 \mid -1 \leqq x \leqq 1, 1 - |x| \leqq y \leqq 2 - |x|\},$$

$$D_2 = \{(x,y) \in \mathbb{R}^2 \mid -1 \leqq x \leqq 1, -2 + |x| \leqq y \leqq -1 + |x|\},$$

$$D_3 = \{(x,y) \in \mathbb{R}^2 \mid 1 \leqq x \leqq 2, -2 + x \leqq y \leqq 2 - x\},$$

$$D_4 = \{(x,y) \in \mathbb{R}^2 \mid -2 \leqq x \leqq -1, -2 - x \leqq y \leqq 2 + x\}$$

として，$D = D_1 \cup D_2 \cup D_3 \cup D_4$ と表現し各 D_i は縦線形集合となっている．これは非交和ではないが，交わりの部分は面積ゼロとなっている．

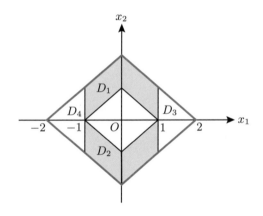

図 3.7　有限個の縦線形集合の和となる集合の例

ジョルダン[†] 可測集合，ジョルダン測度　以上で 2 次元空間における積分論を展開してきたが，付随するいくつかの概念を導入しておく．有界な集合 $D \subset \mathbb{R}^2$ に対して，D における特性関数 χ_D を

$$\chi_D(x,y) = \begin{cases} 1 & ((x,y) \in D) \\ 0 & ((x,y) \in D^c) \end{cases}$$

[†]Camille Jordan 1838-1922：フランスの数学者，多くの分野で業績がある．

とおく. 適当な矩形集合 $K = [a,b] \times [c,d]$ を用いて $D \subset K$ とすることができる. このとき χ_D が K でリーマン積分可能であるとき D は 2 次元のジョルダン**可測**な集合であるという（これは K の選択の仕方に依存しない）. また積分値

$$\mu(D) = \iint_K \chi_D(x,y)\,dx\,dy$$

を 2 次元の**ジョルダン測度**という. これが通常面積といわれているものの一般化となっている. また $D_1 \subset D_2$ ならば $\mu(D_1) \leqq \mu(D_2)$ となることもわかる.

例 有界閉区間 $I = [a,b]$ 上の連続関数 $y = \phi_1(x)$, $y = \phi_2(x)$ が $\phi_1(x) \leqq \phi_2(x)$ $(x \in I)$ を満たすとき縦線形集合

$$D = \{(x,y) \in \mathbb{R}^2 \mid \phi_1(x) \leqq y \leqq \phi_2(x),\ a \leqq x \leqq b\}$$

のジョルダン測度は逐次積分の公式により

$$\mu(D) = \int_a^b \left(\int_{\phi_1(x)}^{\phi_2(x)} 1\,dy \right) dx = \int_a^b (\phi_2(x) - \phi_1(x))dx$$

特に $\varepsilon > 0$ として $\phi_2(x) = \phi_1(x) + \varepsilon$ としてみると

$$D_\varepsilon = \{(x,y) \in \mathbb{R}^2 \mid \phi_1(x) \leqq y \leqq \phi_1(x) + \varepsilon,\ a \leqq x \leqq b\}$$

のジョルダン測度は $\mu(D_\varepsilon) = (b-a)\varepsilon$ となる. $\varepsilon > 0$ は任意であるから, 曲線 $C : y = \phi_1(x)$ $(a \leqq x \leqq b)$ の測度は

$$\mu(C) \leqq \mu(D_\varepsilon) = (b-a)\varepsilon$$

となり $\varepsilon > 0$ の任意性により $\mu(C) = 0$ を得る.

問 3.1 有限個の点からなる集合 $T \subset \mathbb{R}^2$ はジョルダン可測で $\mu(T) = 0$ を示せ.

重積分の逐次積分の公式を適用する.

例題 3.2

$D = \{(x, y) \in \mathbb{R}^2 \mid |x - y| \leq 1,\ 1 \leq x \leq 2\}$ として $I = \iint_D (x + y)\, dx\, dy$ を計算せよ.

【解　答】　D を縦線形集合の形に書き換えることができる（図 3.8）.

$$D = \{(x, y) \in \mathbb{R}^2 \mid x - 1 \leq y \leq x + 1,\ 1 \leq x \leq 2\}$$

であり，$f(x, y) = x + y$ は D 上の連続関数だから公式を適用して

$$I = \int_1^2 \left(\int_{x-1}^{x+1} (x + y)\, dy \right) dx = \int_1^2 \left(\left[xy + \frac{y^2}{2} \right]_{y=x-1}^{y=x+1} \right) dx$$

$$= \int_1^2 \left\{ x(x+1) - x(x-1) + \frac{(x+1)^2}{2} - \frac{(x-1)^2}{2} \right\} dx = \int_1^2 4x\, dx = 6$$

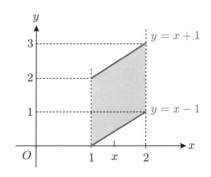

図 3.8　縦線形集合上の重積分

問 3.2　集合 $E = \{(x, y) \in \mathbb{R}^2 \mid x^2 - 3 \leq y \leq 1 - 2x - x^2\}$ の面積を計算せよ.

問 3.3　集合 $E, F \subset \mathbb{R}^2$ がジョルダン可測で $E \subset F$ ならば $\mu(E) \leq \mu(F)$ となることを説明せよ.

3.3 置換積分

1変数の微分積分学において置換積分の公式を学んだが，重積分においても置換積分の公式が存在する．変数変換を施したときの積分の変換公式は様々な研究の場面で大事で良く活用されている．まず状況を設定する．

領域 D および E は $\mathbb{R}^2$ の有界なリプシッツ領域であるとする．さらに $\phi = \phi(\xi, \eta), \psi = \psi(\xi, \eta)$ は $\overline{E}$ 上の C^1 級関数とし，関係式 $x = \phi(\xi, \eta)$, $y = \psi(\xi, \eta)$ によって定まる写像

$$\Phi : E \ni (\xi, \eta) \longmapsto (x, y) \in D$$

は全単射であるとする．本節の課題は f の D 上の重積分を，変換 Φ によって得られる E 上の関数 $\widetilde{f}(\xi, \eta) = (f \circ \Phi)(\xi, \eta)$ の積分に関連付けることである．まず微小領域に対する 2 次元測度 μ（**面積要素**）の働きの変化を見る．次に写像 Φ をその微小領域で線形変換を用いて近似できることをみる．そして任意の点 $P \in E$ を頂点とする小さい矩形集合を考える．$\varepsilon > 0$ を微小として

$$P = (\xi_0, \eta_0), \quad Q = (\xi_0 + \varepsilon, \eta_0), \quad S = (\xi_0, \eta_0 + \varepsilon), \quad R = (\xi_0 + \varepsilon, \eta_0 + \varepsilon)$$

を端点とする微小な矩形（長方形）$K(\xi_0, \eta_0, \varepsilon)$ を考える．このとき 2 次元測度

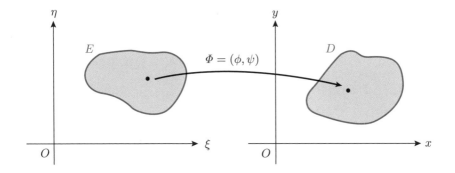

$$(x, y) = (\phi(\xi, \eta), \psi(\xi, \eta))$$

図 3.9 変数変換 $(\xi, \eta) \longrightarrow (x, y)$

は $\mu(K(\xi_0,\eta_0,\varepsilon)) = \varepsilon^2$ で与えられる．さてこの矩形 $K(\xi_0,\eta_0,\varepsilon)$ を Φ で写す
と，変形して少しゆがんだ "平行四辺形もどき" になる．その 2 次元測度を三角
形 $\Phi(P)\Phi(Q)\Phi(S)$ と三角形 $\Phi(R)\Phi(Q)\Phi(S)$ の 2 次元測度の和で近似する．

平均値の定理によって

$$\xi_{0i} = \xi_{0i}(\varepsilon) \in [\xi_0,\xi_0+\varepsilon], \quad \eta_{0i} = \eta_{0i}(\varepsilon) \in [\eta_0,\eta_0+\varepsilon] \quad (1 \leqq i \leqq 4)$$

があって，次の計算が可能になる．

$$\overrightarrow{\Phi(P)\Phi(Q)} = \begin{pmatrix} \phi(\xi_0+\varepsilon,\eta_0) - \phi(\xi_0,\eta_0) \\ \psi(\xi_0+\varepsilon,\eta_0) - \psi(\xi_0,\eta_0) \end{pmatrix} = \varepsilon \begin{pmatrix} \phi_\xi(\xi_{01}(\varepsilon),\eta_0) \\ \psi_\xi(\xi_{02}(\varepsilon),\eta_0) \end{pmatrix},$$

$$\overrightarrow{\Phi(P)\Phi(S)} = \begin{pmatrix} \phi(\xi_0,\eta_0+\varepsilon) - \phi(\xi_0,\eta_0) \\ \psi(\xi_0,\eta_0+\varepsilon) - \psi(\xi_0,\eta_0) \end{pmatrix} = \varepsilon \begin{pmatrix} \phi_\eta(\xi_0,\eta_{01}(\varepsilon)) \\ \psi_\eta(\xi_0,\eta_{02}(\varepsilon)) \end{pmatrix},$$

$$\overrightarrow{\Phi(R)\Phi(Q)} = \begin{pmatrix} \phi(\xi_0+\varepsilon,\eta_0) - \phi(\xi_0+\varepsilon,\eta_0+\varepsilon) \\ \psi(\xi_0+\varepsilon,\eta_0) - \psi(\xi_0+\varepsilon,\eta_0+\varepsilon) \end{pmatrix}$$
$$= (-\varepsilon) \begin{pmatrix} \phi_\eta(\xi_0+\varepsilon,\eta_{03}(\varepsilon)) \\ \psi_\eta(\xi_0+\varepsilon,\eta_{04}(\varepsilon)) \end{pmatrix},$$

$$\overrightarrow{\Phi(R)\Phi(S)} = \begin{pmatrix} \phi(\xi_0,\eta_0+\varepsilon) - \phi(\xi_0+\varepsilon,\eta_0+\varepsilon) \\ \psi(\xi_0,\eta_0+\varepsilon) - \psi(\xi_0+\varepsilon,\eta_0+\varepsilon) \end{pmatrix}$$
$$= (-\varepsilon) \begin{pmatrix} \phi_\xi(\xi_{03}(\varepsilon),\eta_0+\varepsilon) \\ \psi_\xi(\xi_{04}(\varepsilon),\eta_0+\varepsilon) \end{pmatrix}$$

これによって $\triangle\Phi(P)\Phi(Q)\Phi(S)$, $\triangle\Phi(R)\Phi(Q)\Phi(S)$ の面積を計算できる．

$$\mu(\triangle\Phi(P)\Phi(Q)\Phi(S))$$
$$= \frac{\varepsilon^2}{2}|\phi_\xi(\xi_{01},\eta_0)\psi_\eta(\xi_0,\eta_{02}) - \psi_\xi(\xi_{02},\eta_0)\phi_\eta(\xi_0,\eta_{01})|,$$

$$\mu(\triangle\Phi(R)\Phi(Q)\Phi(S))$$
$$= \frac{\varepsilon^2}{2}|\phi_\eta(\xi_0+\varepsilon,\eta_{03})\psi_\xi(\xi_{04},\eta_0+\varepsilon) - \psi_\eta(\xi_0+\varepsilon,\eta_{04})\phi_\xi(\xi_{03},\eta_0+\varepsilon)|$$

上式において記号の簡単化のため $\xi_{0i} = \xi_{0i}(\varepsilon)$, $\eta_{0i} = \eta_{0i}(\varepsilon)$ とした．$\phi_\xi(\xi,\eta)$,

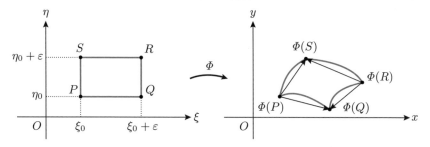

図 **3.10** 微小な部分集合の移動

$\phi_\eta(\xi, \eta),\ \psi_\xi(\xi, \eta),\ \psi_\eta(\xi, \eta)$ の連続性と

$$\lim_{\varepsilon \to 0} \xi_{0i}(\varepsilon) = \xi_0, \quad \lim_{\varepsilon \to 0} \eta_{0i}(\varepsilon) = \eta_0$$

を用いることで

$$\frac{\mu(\triangle \Phi(P)\Phi(Q)\Phi(S)) + \mu(\triangle \Phi(R)\Phi(Q)\Phi(S))}{\mu(\square PQRS)}$$

$$= |\phi_\xi(\xi_0, \eta_0)\psi_\eta(\xi_0, \eta_0) - \psi_\xi(\xi_0, \eta_0)\phi_\eta(\xi_0, \eta_0)| + o(1) \quad (\varepsilon \to 0)$$

を得る．これにより写像 Φ による 2 次元測度の変換率がわかる．このあたりの仕組みを簡潔に記述するために写像 Φ に対して次の量を定義する．

ヤコビアン (**Jacobian**)　変換 $(x, y) = (\phi(\xi, \eta), \psi(\xi, \eta))$ の**ヤコビ行列**[†]$J(\xi, \eta)$ を次のように定める．

$$J(\xi, \eta) := \begin{pmatrix} \frac{\partial \phi}{\partial \xi}(\xi, \eta) & \frac{\partial \phi}{\partial \eta}(\xi, \eta) \\ \frac{\partial \psi}{\partial \xi}(\xi, \eta) & \frac{\partial \psi}{\partial \eta}(\xi, \eta) \end{pmatrix}$$

これを用いて

$$\det J(\xi, \eta) = \frac{\partial \phi}{\partial \xi}(\xi, \eta)\frac{\partial \psi}{\partial \eta}(\xi, \eta) - \frac{\partial \psi}{\partial \xi}(\xi, \eta)\frac{\partial \phi}{\partial \eta}(\xi, \eta)$$

であるから

$$\lim_{\varepsilon \to 0} \frac{\mu(\triangle \Phi(P)\Phi(Q)\Phi(S)) + \mu(\triangle \Phi(R)\Phi(Q)\Phi(S))}{\mu(\square PQRS))} = |\det J(\xi_0, \eta_0)|$$

[†]Carl Gustav Jacob Jacobi 1804-1851 : ドイツの数学者．

を得る．これにより xy 平面の $(x_0, y_0) = \Phi(\xi_0, \eta_0)$ の付近と $\xi\eta$ 平面の (ξ_0, η_0) 付近の対応する無限小の微小領域同士の面積の比がわかる（図 **3.11**）．この結果を簡潔に

$$dx\,dy = |\det J(\xi_0, \eta_0)|\,d\xi\,d\eta$$

と表現する．点 $(\xi, \eta) \in E$ の微小な近傍 δE と Φ で対応する微小な領域 $\delta D = \Phi(\delta E)$ について上記の面積の変換則を示せる．これによって関数の積分についてはそれぞれの微小領域での計算

$$f(x, y)\,\mu(\delta D) = (f \circ \Phi)(\xi, \eta)\,|\det J(\xi, \eta)|\,\mu(\delta E)$$

を用いて，双方の全域の微小パーツ $\delta E, \delta D$ について積算して以下の置換積分の公式を得ることができる．これは直観的な説明である．

定理 3.9（**置換積分**）　上の状況において E, D は有界なジョルダン可測集合であり，変換 $\Phi : E \longrightarrow D$ は全単射であり，$\overline{E}$ において C^1 級とする．また，$\det J(\xi, \eta) \neq 0$ $((\xi, \eta) \in E)$ も仮定する．このとき，任意の連続関数 $f : \overline{D} \longrightarrow \mathbb{R}$ に対して，以下の公式が成立する．

$$\iint_D f(x, y)\,dxdy = \iint_E (f \circ \Phi)(\xi, \eta)\,|\det J(\xi, \eta)|\,d\xi\,d\eta$$

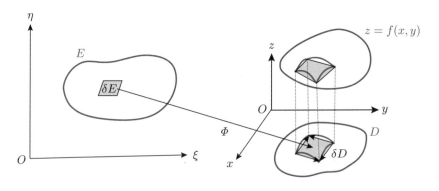

図 **3.11**　置換積分のミクロな仕組み

注意　上の定理で Φ が全単射であるという条件は E 全体で成立しなくても，測度が
ゼロの集合を適当に除外して全単射になるならば定理はそのまま成立する．定理 3.9
の証明に関しては杉浦，解析入門 II [4] を参照．

　この公式を例に適用してみよう．

計算例　集合 $D = \{(x,y) \in \mathbb{R}^2 \mid 0 \leqq x+y \leqq 1,\, 0 \leqq y-x \leqq 1\}$ に対して

$$A = \iint_D (x^2 + y^2)dx\,dy$$

を計算してみる．関係式 $\xi = x+y,\, \eta = y-x$ によって，領域 D を

$$E = \{(\xi,\eta) \in \mathbb{R}^2 \mid 0 \leqq \xi \leqq 1,\, 0 \leqq \eta \leqq 1\}$$

に変換する．

$$\det J(\xi,\eta) = \det \begin{pmatrix} \frac{\partial x}{\partial \xi} & \frac{\partial x}{\partial \eta} \\ \frac{\partial y}{\partial \xi} & \frac{\partial y}{\partial \eta} \end{pmatrix} = \det \begin{pmatrix} \frac{1}{2} & -\frac{1}{2} \\ \frac{1}{2} & \frac{1}{2} \end{pmatrix} = \frac{1}{2},$$

$$A = \iint_E \left(\frac{1}{4}(\xi-\eta)^2 + \frac{1}{4}(\xi+\eta)^2 \right) \frac{1}{2}\,d\xi\,d\eta$$

$$= \int_0^1\!\!\int_0^1 \frac{1}{4}(\xi^2 + \eta^2)d\xi\,d\eta$$

$$= \frac{1}{4} \int_0^1 \left[\frac{\xi^3}{3} + \eta^2\xi \right]_{\xi=0}^{\xi=1} d\eta$$

$$= \frac{1}{4} \int_0^1 \left(\frac{1}{3} + \eta^2 \right) d\eta$$

$$= \frac{1}{4} \left[\frac{\eta}{3} + \frac{\eta^3}{3} \right]_{\eta=0}^{\eta=1}$$

$$= \frac{1}{6}$$

問 3.4　2 次元集合 $D = \{(x,y) \in \mathbb{R}^2 \mid |x-2y| \leqq 1,\, |x+2y| \leqq 1\}$ に対して，次の
定積分を計算せよ．

$$A = \iint_D (x^2 + y^2)dx\,dy$$

　計算例　　2 次元集合 $D = \{(x,y) \in \mathbb{R}^2 \mid 1 \leqq x^2 + y^2 \leqq 4\}$ に対し

$$A = \iint_D (|x| + |y|)dx\,dy$$

を計算する．極座標変換 $x = r\cos\theta$, $y = r\sin\theta$ によって積分する領域を D から E に移す．

$$E = \{(r,\theta) \in \mathbb{R}^2 \mid 1 \leq r \leq 2,\, 0 \leq \theta < 2\pi\},$$

$$J(r,\theta) = \begin{pmatrix} \frac{\partial x}{\partial r} & \frac{\partial x}{\partial \theta} \\ \frac{\partial y}{\partial r} & \frac{\partial y}{\partial \theta} \end{pmatrix} = \begin{pmatrix} \cos\theta & -r\sin\theta \\ \sin\theta & r\cos\theta \end{pmatrix},$$

$$\det J(r,\theta) = (\cos\theta)(r\cos\theta) - (\sin\theta)(-r\sin\theta)$$

$$= r(\cos^2\theta + \sin^2\theta) = r,$$

$$A = \iint_E (r|\cos\theta| + r|\sin\theta|)r\,dr\,d\theta$$

$$= \int_0^{2\pi}\int_1^2 r^2(|\cos\theta| + |\sin\theta|)\,dr\,d\theta$$

$$= \int_0^{2\pi} \left[\frac{r^3}{3}(|\cos\theta| + |\sin\theta|)\right]_{r=1}^{r=2} d\theta$$

$$= \frac{7}{3}\int_0^{2\pi}(|\cos\theta| + |\sin\theta|)\,d\theta = \frac{56}{3}$$

問 3.5　　2 次元集合 $D = \{(x,y) \in \mathbb{R}^2 \mid x^2 - 2x + y^2 \leqq 0\}$ に対して，次の定積分を計算せよ．

$$A = \iint_D x\,dx\,dy$$

3.4 n 重積分の基礎

　前節においては空間次元 $n = 2$ の場合に重積分の基礎を論じたがここでは一般の空間次元 $n \geqq 3$ の場合での基礎事項を解説する．多くは 2 次元の場合と同様なので簡潔に論述していく．

　ユークリッド空間 $\mathbb{R}^n$ における n 次元矩形集合を思い出しておく．$\mathbb{R}^n$ の要素 x には座標成分によって $x = (x_1, x_2, \ldots, x_n)$ という記号を用いる．$a_1, b_1, a_2, b_2, \ldots, a_n, b_n \in \mathbb{R}$ として $a_i \leqq b_i$ $(1 \leqq i \leqq n)$ を仮定する．$\mathbb{R}^n$ における集合（直積型の集合）

$$I = [a_1, b_1] \times [a_2, b_2] \times \cdots \times [a_n, b_n]$$

を **n 次元矩形集合**という．そしてその体積に相当する量

$$\mu^{(n)}(I) = (b_1 - a_1)(b_2 - a_2) \cdots (b_n - a_n)$$

これを高次元版の体積ということで **n 次元測度**と呼ぶ．

問 3.6　$I = [0,1]^3 \subset \mathbb{R}^3$ とおき $J = \{(x_1, x_2, x_3) \in I \mid x_1 \leqq x_2 \leqq x_3\}$ としたとき $\mu^{(3)}(J)$ はどうなるか，考察せよ．

　2 次元版の重積分と同じアプローチで n 次元のリーマン積分を考えることができる．n 次元矩形集合

$$K = [a_1, b_1] \times [a_2, b_2] \times \cdots \times [a_n, b_n]$$

および K 上の関数 $f : K \longrightarrow \mathbb{R}$ があるとする．K の各座標成分の区間 $[a_i, b_i]$ の区分けを

$$a_i = x_i(0) \leqq x_i(1) \leqq \cdots \leqq x_i(j_i) \leqq \cdots \leqq x_i(p_i) = b_i \quad (1 \leqq i \leqq n)$$

この分割 Δ における，小矩形

$$K(j_1, \ldots, j_n) := \prod_{i=1}^{n} [x_i(j_i - 1), x_i(j_i)]$$

および，分割の大きさを

$$|\Delta| := \max\{\mathrm{Diam}(K(j_1,\ldots,j_n)) \mid 1 \le j_i \le p_i,\, 1 \le i \le n\}$$

によって定める. 各 $K(j_1,\ldots,j_n)$ から代表点 $z(j_1,\ldots,j_n)$ を選出してリーマン和を定める.

$$S(f, \Delta, \{z(j_1,\ldots,j_n)\})$$

$$:= \sum_{j_1=1}^{p_1} \sum_{j_2=1}^{p_2} \cdots \sum_{j_n=1}^{p_n} f(z(j_1,\ldots,j_n))\, \mu^{(n)}(K(j_1,\ldots,j_n))$$

定義　関数 f が K 上リーマン積分可能であるとは $|\Delta| \to 0$ のとき, 代表点の選出の仕方によらずリーマン和 $S(f, \Delta, \{z(j_1,\ldots,j_n)\})$ が一定の極限値 A をもつということである. また

$$\int \cdots \int_K f(x) dx_1\, dx_2 \cdots dx_n = A$$

とする.

　一般の有界領域 $D \subset \mathbb{R}^n$ 上の関数に関するリーマン積分可能性についても 2 次元の場合と同様に定める. まず $K \subset \mathbb{R}^n$ を D を含む矩形集合とする. そして f のゼロ拡張の関数 $\widetilde{f}$ を

$$\widetilde{f}(x) = \begin{cases} f(x) & (x \in D) \\ 0 & (x \in K \setminus D) \end{cases}$$

によっておくとき, $\widetilde{f}$ が K 上でリーマン積分可能であることをもって f が D 上でリーマン積分可能であることと定め

$$\int \cdots \int_D f(x) dx_1 \cdots dx_n = \int \cdots \int_K \widetilde{f}(x) dx_1 \cdots dx_n$$

とする. また D の特性関数 $\chi_D(x)$ が K 上でリーマン積分可能であることをもって D がジョルダン可測集合であるとする. また

$$\mu^{(n)}(D) = \int \cdots \int_K \chi_D(x) dx_1 \cdots dx_n$$

とおき D のジョルダン測度とする.

以下 n 重積分を記述する際 $dx = dx_1\,dx_2\cdots dx_n$ とする．重積分の記号の方も n 重を明記して

$$\int_D^{(n)} f(x)dx$$

と表現する[†]．但し，2 次元や 3 次元の重積分の場合は $\iint$ や $\iiint$ と表す．

定積分の基本法則　多変数（n 重）定積分に関する一般的に成り立つ性質をまとめておく．いずれもリーマン和の形で法則を示して極限を取ることで示すことができる．

定理 3.10　f, g が有界集合 $D \subset \mathbb{R}^n$ においてリーマン積分可能であると仮定する．このとき次が成立する．

(i) 定数 α, β に対して $\alpha f + \beta g$ はリーマン積分可能となり

$$\int_D^{(n)} (\alpha f(x) + \beta g(x))dx = \alpha \int_D^{(n)} f(x)dx + \beta \int_D^{(n)} g(x)dx$$

(ii)

$$\left| \int_D^{(n)} f(x)dx \right| \leqq \int_D^{(n)} |f(x)|dx \quad \text{(積分の三角不等式)}$$

(iii) $f(x) \geqq g(x)\ (x \in D)$ ならば

$$\int_D^{(n)} f(x)dx \geqq \int_D^{(n)} g(x)dx$$

となる．また，さらにもし

$$\int_D^{(n)} f(x)dx = \int_D^{(n)} g(x)dx$$

ならば測度ゼロの集合 $E \subset D$ があって $f(x) = g(x)\ (x \in D \setminus E)$ である．

(iv) 2 つの集合 D_1, D_2 があり $D_1 \cup D_2$ かつ $D_1, D_2, D_1 \cap D_2$ がジョルダン可測であり $\mu^{(n)}(D_1 \cap D_2) = 0$ ならば，次の和公式が成立する．

[†] この記号自体が煩雑なので重積分に慣れて次元を正しく認識できたら省略してよい．

$$\int_{D_1 \cup D_2}^{(n)} f(x)dx = \int_{D_1}^{(n)} f(x)dx + \int_{D_2}^{(n)} f(x)dx$$

n 次元の縦線形集合　本節では $x' = (x_1, \ldots, x_{n-1})$, $dx' = dx_1 \cdots dx_{n-1}$ と記す. n 次元の縦線形集合を導入する. $\mathbb{R}^{n-1}$ の矩形集合

$$D' = [a_1, b_1] \times [a_2, b_2] \times \cdots \times [a_{n-1}, b_{n-1}]$$

を用意し, D' 上の連続関数 ϕ_1, ϕ_2 で条件 $\phi_1(x') \leqq \phi_2(x')$ $(x' \in D')$ を満たすものを用いて定義される集合

$$D = \{(x', x_n) \in \mathbb{R}^n \mid \phi_1(x') \leqq x_n \leqq \phi_2(x'),\ x' \in D'\}$$

を **n 次元の縦線形集合**という. 2 次元の重積分の理論とほとんど同じ議論によって次の結果を得ることができる.

定理 3.11（**逐次積分公式 1**）　$D \subset \mathbb{R}^n$ を上に与えた縦線形集合とする. $f: D \longrightarrow \mathbb{R}$ は D で連続関数であると仮定する. このとき f はリーマン積分可能であり次の公式が成立する.

$$\int_D^{(n)} f(x', x_n)dx = \int_{D'}^{(n-1)} \left(\int_{\phi_1(x')}^{\phi_2(x')} f(x', x_n)dx_n \right) dx'$$

証明は省略する.

定理 3.12　$D \subset \mathbb{R}^n$ を有界なジョルダン可測集合とする. このとき $\overline{D}$ 上の連続関数 f は D でリーマン積分可能である.

切断面による次元低減型の逐次積分　集合 $D \subset \mathbb{R}^n$ 上の関数の積分について, 超平面による断面上で積分をしてから, 超平面を直交方向に動かして D の全体で積算する方式の逐次積分を考える. まず D を有界集合として, その要素の第 n 成分 x_n が $a \leqq x_n \leqq b$ の範囲に含まれているとする. すなわち $D \subset \{(x', x_n) \in \mathbb{R}^n \mid a \leqq x_n \leqq b\}$ とする. D の平面 $x_n = t$ による切断面の表現を

$$\Sigma(t) = \{x' \in \mathbb{R}^{n-1} \mid (x', t) \in D\}$$

とおいておく.

| 定理 3.13 （**逐次積分公式 2**）　上で与えた条件を満たす $D \subset \mathbb{R}^n$ を考える. D はさらにジョルダン可測な有界閉集合であり, 各 t に対して $\Sigma(t)$ は $n-1$ 次元のジョルダン可測集合であると仮定する. このとき $\overline{D}$ における連続関数 f に対し, 次の公式が成立する.

$$\int_D^{(n)} f(x)\,dx = \int_a^b \left(\int_{\Sigma(x_n)}^{(n-1)} f(x', x_n) dx' \right) dx_n$$

| 計算例 |　以下の 3 次元の集合

$$D = \{(x_1, x_2, x_3) \in \mathbb{R}^3 \mid x_1^2 + x_3^2 \leq 1,\ x_3^2 + x_2^2 \leq 1,\ x_3 \geq 0\}$$

の体積を上で述べた方式で計算する. まず平面 $x_3 = t$ $(0 \leq t \leq 1)$ による切断面を求める.

$$\Sigma(t) = \{(x_1, x_2) \in \mathbb{R}^2 \mid x_1^2 \leq 1 - t^2,\ x_2^2 \leq 1 - t^2\}$$
$$= \{(x_1, x_2) \in \mathbb{R}^2 \mid |x_1| \leq \sqrt{1 - t^2},\ |x_2| \leq \sqrt{1 - t^2}\}$$

であるから, この集合は正方形でその面積は $\mu(\Sigma(t)) = 4(1 - t^2)$ $(0 \leq t \leq 1)$ である. よって

$$V = \int_0^1 \mu(\Sigma(t)) dt = \int_0^1 4(1 - t^2) dt$$
$$= 4\left[t - \frac{t^3}{3} \right]_0^1 = 4\left(1 - \frac{1}{3} \right) = \frac{8}{3}$$

3.5 n 重積分の変数変換の公式

$D, E \subset \mathbb{R}^n$ を領域とする．2 重積分に対する置換積分の公式を n 重積分へ一般化する．$\overline{E}$ から $\overline{D}$ への C^1 級の写像 $\Phi : \overline{E} \longrightarrow \overline{D}$ は全単射であるとする．このとき変数 y, $\Phi(y)$ を成分表示して

$$\Phi(y) = \begin{pmatrix} \Phi_1(y_1, y_2, \ldots, y_n) \\ \Phi_2(y_1, y_2, \ldots, y_n) \\ \vdots \\ \Phi_n(y_1, y_2, \ldots, y_n) \end{pmatrix}$$

と表示する．このとき，ヤコビ行列 $J(y)$ を次のように定める．

$$J(y) := \begin{pmatrix} \frac{\partial \Phi_1}{\partial y_1} & \frac{\partial \Phi_1}{\partial y_2} & \cdots & \frac{\partial \Phi_1}{\partial y_n} \\ \frac{\partial \Phi_2}{\partial y_1} & \frac{\partial \Phi_2}{\partial y_2} & \cdots & \frac{\partial \Phi_2}{\partial y_n} \\ \vdots & \vdots & \ddots & \vdots \\ \frac{\partial \Phi_n}{\partial y_1} & \frac{\partial \Phi_n}{\partial y_2} & \cdots & \frac{\partial \Phi_n}{\partial y_n} \end{pmatrix}$$

定理 3.14 上の状況において，さらに D, E は n 次元ジョルダン可測集合であるとし，$\det J(y) \neq 0$ $(y \in E)$ を仮定する．このとき $\overline{D}$ において連続な関数 f に対して以下の等式が成立する．

$$\int_D^{(n)} f(x)\,dx = \int_E^{(n)} (f \circ \Phi)(y)\,|\det J(y)|\,dy$$

注意 この定理における変換 Φ の次の少し弱い条件下でも同じ結論が成立する．
（条件）n 次元測度 0 の集合 $\sigma\ (\subset \overline{E})$ があって

$$\Phi : \overline{E} \setminus \sigma \longrightarrow \overline{D} \setminus \Phi(\sigma)$$

が全単射かつ C^1 級で $\det J(y) \neq 0$ $(y \in E \setminus \sigma)$ となる．

計算例 $E \subset \mathbb{R}^n$ が n 次元ジョルダン可測集合であるとする．$\zeta > 0, a \in \mathbb{R}^n$ に対して $E(\zeta) = \{\zeta y + a \mid y \in E\}$ とするとき，次の公式が成立する．

$$\mu^{(n)}(E(\zeta)) = \zeta^n \mu^{(n)}(E) \quad (\text{スケール則})$$

関係式 $x_i = \zeta\, y_i + a_i\ (1 \leqq i \leqq n)$ によって変換

$$\Phi : E \ni y \longmapsto x \in E(\zeta) = D$$

を設定する. これによって置換積分の公式に当てはめる $(f \equiv 1)$.

$$\det J(y) = \det \begin{pmatrix} \zeta & 0 & \cdots & 0 \\ 0 & \zeta & \cdots & 0 \\ \vdots & \vdots & \ddots & \vdots \\ 0 & 0 & \cdots & \zeta \end{pmatrix} = \zeta^n,$$

$$\mu^{(n)}(E(\zeta)) = \int_{E(\zeta)}^{(n)} 1\ dx = \int_{E}^{(n)} 1\,|\det J(y)| dy = \int_{E}^{(n)} \zeta^n\, dy = \zeta^n \mu^{(n)}(E)$$

$\boxed{\text{計算例}}$ $D = \{(x_1, x_2, x_3) \in \mathbb{R}^3 \mid x_1^2 + x_2^2 + x_3 \leq 1,\ x_3 \geq 2x_1 + 2x_2\}$ に対し

$$A = \iiint_D (x_1^2 + x_2^2 + 1) dx$$

を計算する. D を縦線形集合として表現し逐次積分の公式を適用する.

$$E = \{(x_1, x_2) \in \mathbb{R}^2 \mid 1 - x_1^2 - x_2^2 \geqq 2x_1 + 2x_2\}$$

$$= \{(x_1, x_2) \in \mathbb{R}^2 \mid (x_1 + 1)^2 + (x_2 + 1)^2 \leq 3\},$$

$$A = \iint_E \left(\int_{2x_1 + 2x_2}^{1 - x_1^2 - x_2^2} (x_1^2 + x_2^2 + 1) dx_3 \right) dx_1\, dx_2$$

$$= \iint_E (x_1^2 + x_2^2 + 1)(1 - x_1^2 - x_2^2 - 2x_1 - 2x_2) dx_1\, dx_2$$

変数変換 $x_1 = -1 + r\cos\theta, x_2 = -1 + r\sin\theta,\ dx_1\, dx_2 = r\, dr\, d\theta$ を行う.

$$A = \int_0^{2\pi} \int_0^{\sqrt{3}} \{(-1 + r\cos\theta)^2 + (-1 + r\sin\theta)^2 + 1\}(3 - r^2)\, r\, dr\, d\theta$$

$$= \int_0^{2\pi} \int_0^{\sqrt{3}} (3 + r^2 - 2r\cos\theta - 2r\sin\theta)(3 - r^2) r\, dr\, d\theta$$

$$= 2\pi \int_0^{\sqrt{3}} (9r - r^5)dr = 2\pi \left[\frac{9}{2}r^2 - \frac{1}{6}r^6 \right]_0^{\sqrt{3}} = 2\pi \left(\frac{27}{2} - \frac{27}{6} \right) = 18\pi$$

計算例　n 次元の球体 $B^{(n)}(r) = \{x \in \mathbb{R}^n \mid |x| \leqq r\}$ の $r = 1$ のときの n 次元測度が次式

$$V_n = \mu^{(n)}(B^{(n)}(1)) = \frac{\pi^{\frac{n}{2}}}{\varGamma\left(\frac{n}{2} + 1\right)}$$

となることを逐次積分を用いて示す．$V_2 = \pi$（2 次元単位円板の面積）は既知とする．$n \geqq 2$ として議論する．平面 $x_n = t$ による切断面を見る．

$$\Sigma(t) = \{x' \in \mathbb{R}^{n-1} \mid |x'|^2 \leqq 1 - t^2\} = B^{(n-1)}(\sqrt{1 - t^2}) \quad (-1 \leqq t \leqq 1),$$

$$V_n = \int_{-1}^{1} \mu^{(n-1)}(\Sigma(t))dt = \int_{-1}^{1} V_{n-1}(1 - t^2)^{\frac{n-1}{2}} dt$$

$$= V_{n-1} \times 2 \int_0^1 (1 - t^2)^{\frac{n-1}{2}} dt \quad (\text{スケール則を用いた})$$

ここで置換積分 $t = \sin\theta$ として $dt = \cos\theta\, d\theta$ となり

$$\frac{V_n}{V_{n-1}} = 2 \int_0^1 (1 - t^2)^{\frac{n-1}{2}} dt = 2 \int_0^{\frac{\pi}{2}} (1 - \sin^2\theta)^{\frac{n-1}{2}} \cos\theta\, d\theta$$

$$= 2 \int_0^{\frac{\pi}{2}} (\cos\theta)^n d\theta = \boldsymbol{B}\left(\frac{n+1}{2}, \frac{1}{2} \right) = \frac{\varGamma\left(\frac{1}{2}\right)\varGamma\left(\frac{n+1}{2}\right)}{\varGamma\left(\frac{n}{2} + 1\right)}$$

を得る．ここでベータ関数，ガンマ関数を利用した．V_n を計算する．

$$V_n = V_2 \frac{V_3}{V_2} \frac{V_4}{V_3} \frac{V_5}{V_4} \cdots \frac{V_n}{V_{n-1}}$$

$$= \pi \frac{\varGamma(\frac{1}{2})\varGamma(\frac{3+1}{2})}{\varGamma(\frac{3}{2}+1)} \frac{\varGamma(\frac{1}{2})\varGamma(\frac{4+1}{2})}{\varGamma(\frac{4}{2}+1)} \cdots \frac{\varGamma(\frac{1}{2})\varGamma(\frac{n}{2})}{\varGamma(\frac{n-1}{2}+1)} \frac{\varGamma(\frac{1}{2})\varGamma(\frac{n+1}{2})}{\varGamma(\frac{n}{2}+1)}$$

$$= \pi \frac{\varGamma\left(\frac{1}{2}\right)^{n-2} \varGamma\left(\frac{3+1}{2}\right)}{\varGamma(\frac{n}{2}+1)} = \frac{\pi^{\frac{n}{2}}}{\varGamma\left(\frac{n}{2}+1\right)}$$

3.6 曲線とその長さ

空間の中の曲線に対して長さを定める.

定義 閉区間 $J = [\alpha, \beta]$ 上の n 個の C^1 級の関数 $\phi_i(t)$ $(1 \leqq i \leqq n)$ が与えられたとする. $\mathbb{R}^n$ の図形（曲線）

$$C := \{\phi(t) = (\phi_1(t), \phi_2(t), \ldots, \phi_n(t)) \in \mathbb{R}^n \mid \alpha \leqq t \leqq \beta\}$$

を定める. 但し, $\phi'(t) \neq \mathbf{0}$ $(\alpha \leqq t \leqq \beta)$ を仮定する. これを C^1 級の曲線という. 曲線の長さを定めるためリーマン和に類似させて近似値を定める. 区間 $J = [\alpha, \beta]$ の分割を考える. J を内分する点列

$$\Delta : \alpha = t_0 \leqq t_1 \leqq t_2 \leqq \cdots \leqq t_{p-1} \leqq t_p = \beta$$

を取り, $Q_j = \phi(t_j)$ とおく. これらを線分で連結して得られる折れ線 $C(\Delta) := Q_0 Q_1 \cdots Q_p$ をもとの曲線を近似するものと考え（図 **3.12** 参照）, この長さを測ると

$$L(\Delta) = \sum_{j=1}^{p} |\overrightarrow{Q_{j-1}Q_j}|, \qquad |\overrightarrow{Q_{j-1}Q_j}| = \left(\sum_{i=1}^{n} (\phi_i(t_j) - \phi_i(t_{j-1}))^2\right)^{\frac{1}{2}}$$

となる. 分割 Δ を任意に細分して Δ' を考えると三角不等式により $L(\Delta') \geqq L(\Delta)$ となるので, このような近似値 $L(\Delta)$ の上限は曲線の長さとして適切と考えられる.

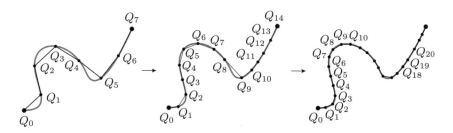

図 **3.12** 曲線の長さの近似法

定義　曲線 C の長さを $L = \sup\{L(\Delta) \mid \Delta$ は区間 $[\alpha, \beta]$ の分割$\}$ で定める.

分割の大きさ $|\Delta|$ がゼロに近づくとき $L(\Delta)$ が L に収束することを示すことができる（ダルブーの定理と同様の議論で示される）. さて L を具体的に表示するため $L(\Delta)$ を追求する. $\phi_i(t)$ に平均値の定理を適用すると

$$\phi_i(t_j) - \phi_i(t_{j-1}) = (t_j - t_{j-1})\phi_i'(s_{i,j})$$

となる $s_{i,j} \in (t_{j-1}, t_j)$ が存在する. これを代入して

$$|\overrightarrow{Q_{j-1}Q_j}| = \left(\sum_{i=1}^n (\phi_i'(s_{i,j}))^2\right)^{\frac{1}{2}} (t_j - t_{j-1})$$

$L(\Delta)$ を表すと

$$L(\Delta) = \sum_{j=1}^p \left(\sum_{i=1}^n (\phi_i'(s_{i,j}))^2\right)^{\frac{1}{2}} (t_j - t_{j-1})$$

さて分割の大きさを $|\Delta| = \max_{1 \leqq j \leqq p} |t_j - t_{j-1}|$ として, 分割を細かくした $L(\Delta)$ の極限を考察する. 近似値 $L(\Delta)$ を評価する. $L(\Delta)$ の過剰和と不足和を

$$L^*(\Delta) = \sum_{j=1}^p \sup_{t_{j-1} \leqq \tau_1, \tau_2, \ldots, \tau_n \leqq t_j} \left(\sum_{i=1}^n (\phi_i'(\tau_i))^2\right)^{\frac{1}{2}} (t_j - t_{j-1}),$$

$$L_*(\Delta) = \sum_{j=1}^p \inf_{t_{j-1} \leqq \tau_1, \tau_2, \ldots, \tau_n \leqq t_j} \left(\sum_{i=1}^n (\phi_i'(\tau_i))^2\right)^{\frac{1}{2}} (t_j - t_{j-1})$$

で定めるとこれは $|\phi'(t)|$ の $[\alpha, \beta]$ での定積分のリーマンの過剰和と不足和に相当し $|\Delta|$ がゼロに収束するとき同じ極限 $\int_\alpha^\beta |\phi'(t)|\, dt$ に収束する. 一方,

$$L_*(\Delta) \leqq L(\Delta) \leqq L^*(\Delta)$$

が成立することは定義からすぐわかるので以下の結論を得る.

定理 **3.15**　上の状況において曲線 C の長さは以下で与えられる.

$$L = \int_\alpha^\beta |\phi'(t)|\, dt$$

注意　曲線 C は全体で C^1 級でなくても, 区分的に C^1 であれば良い. この場合, 有限個の区分に分けて積分することで L を計算できる.

計算例　$\mathbb{R}^2$ 内の曲線

$$C : x_1 = \phi_1(t) = \cos t + t \sin t,\ x_2 = \phi_2(t) = \sin t - t \cos t\ (0 \leq t \leq \ell)$$

の長さ L を計算する. 公式にあてはめるため

$$\phi_1'(t) = -\sin t + \sin t + t \cos t = t \cos t,$$

$$\phi_2'(t) = \cos t - \cos t + t \sin t = t \sin t,$$

$$|\phi'(t)| = \left((\phi_1'(t))^2 + (\phi_2'(t))^2\right)^{\frac{1}{2}} = \sqrt{(t\cos t)^2 + (t\sin t)^2} = t,$$

$$L = \int_0^\ell t\, dt = \frac{\ell^2}{2}$$

3.7　曲面の面積

$\mathbb{R}^3$ における曲面 S の面積を考察する．$\mathbb{R}^3$ には (x, y, z) の座標を用いる．
さて 2 次元の集合 $D \subset \mathbb{R}^2$ の上の C^1 級の関数 $z = f(x, y)$ を考える．この関
数のグラフは 2 次元曲面 S となるがその曲面積はどのように定められるだろう
か？　曲線の長さについては部分点をつないで折れ線で近似して極限値を考え
た．それをまねて曲面上に互いに近い 3 点 P, Q, R を取り $\triangle PQR$ を考える．
これは平板なので面積は計算可能であり，実際それは

$$\frac{1}{2} \left(|\overrightarrow{PQ}|^2 |\overrightarrow{PR}|^2 - (\overrightarrow{PQ}, \overrightarrow{PR})^2 \right)^{\frac{1}{2}}$$

で与えられる（第 1 章の問 1.1 を参照）．曲面 S に多数の点をとって 3 点ごと
に三角形を作成して多面体で近似して面積を求めることを考える．

$K = [a, b] \times [c, d]$ 矩形集合の場合　例によって K の分割 Δ を考える．

$$(*) \qquad \Delta : \begin{cases} a = x_0 \leqq x_1 \leqq \cdots \leqq x_i \leqq \cdots \leqq x_p = b \\ c = y_0 \leqq y_1 \leqq \cdots \leqq y_j \leqq \cdots \leqq y_q = d \end{cases}$$

この分割で K は小さい矩形 $K(i, j) = [x_{i-1}, x_i] \times [y_{j-1}, y_j]$ の和集合に表せる
が，これを対角線で 2 分して直角三角形 2 つに分ける．それぞれの三角形の真上に
ある曲面を近似する三角形の面積を計算する．$P = (x_{i-1}, y_{j-1}, f(x_{i-1}, y_{j-1}))$,
$Q = (x_i, y_{j-1}, f(x_i, y_{j-1}))$, $R = (x_{i-1}, y_j, f(x_{i-1}, y_j))$ であるから

$$\overrightarrow{PQ} = (x_i - x_{i-1}, 0, f(x_i, y_{j-1}) - f(x_{i-1}, y_{j-1})),$$

$$\overrightarrow{PR} = (0, y_j - y_{j-1}, f(x_{i-1}, y_j) - f(x_{i-1}, y_{j-1}))$$

となり，各成分に平均値の定理を適用して

$$f(x_i, y_{j-1}) - f(x_{i-1}, y_{j-1}) = f_x(\xi_{ij}, y_{j-1})(x_i - x_{i-1}),$$

$$f(x_{i-1}, y_j) - f(x_{i-1}, y_{j-1}) = f_y(x_{i-1}, \eta_{ij})(y_j - y_{j-1})$$

このとき $x_{i-1} \leqq \xi_{ij} \leqq x_i$, $y_{j-1} \leqq \eta_{ij} \leqq y_j$ である．これらを用いて $\triangle PQR$
の計算を実行すると

$$\text{Area}(\triangle PQR) = \frac{1}{2} \left(1 + f_x(\xi_{ij}, y_{j-1})^2 + f_y(x_{i-1}, \eta_{ij})^2\right)^{\frac{1}{2}} \mu(K(i,j))$$

$T = (x_i, y_j, f(x_i, y_j))$ として

$$\text{Area}(\triangle TQR) = \frac{1}{2} \left(1 + f_x(\xi'_{ij}, y_j)^2 + f_y(x_i, \eta'_{ij})^2\right)^{\frac{1}{2}} \mu(K(i,j))$$

但し $x_{i-1} \leqq \xi'_{ij} \leqq x_i$, $y_{j-1} \leqq \eta'_{ij} \leqq y_j$ である．従って，矩形集合 K の上にあるグラフの面積の近似値は

$$S(\Delta) = \sum_{i=1}^{p} \sum_{j=1}^{q} F(i,j)\mu(K(i,j))$$

となる．上式において以下の記号を導入した．

$$F(i,j) := \frac{1}{2} \left(1 + f_x(\xi_{ij}, y_{j-1})^2 + f_y(x_{i-1}, \eta_{ij})^2\right)^{\frac{1}{2}}$$
$$+ \frac{1}{2} \left(1 + f_x(\xi'_{ij}, y_j)^2 + f_y(x_i, \eta'_{ij})^2\right)^{\frac{1}{2}},$$

$$\mu(K(i,j)) = (x_i - x_{i-1})(y_j - y_{j-1})$$

さて $|\Delta| \to 0$ のときの極限値はどうなるであろうか．F の極限を探求したい．

$$G(x,y) = \sqrt{1 + f_x(x,y)^2 + f_y(x,y)^2}$$

を導入する．各 $K(i,j)$ における比較により

$$\inf_{(\xi,\eta) \in K(i,j)} G(\xi,\eta) \leqq F(i,j) \leqq \sup_{(\xi,\eta) \in K(i,j)} G(\xi,\eta),$$

$$\sum_{i=1}^{p} \sum_{j=1}^{q} \left(\inf_{(\xi,\eta) \in K_{ij}} G(\xi,\eta) \right) \mu(K(i,j)) \leqq S(\Delta)$$

$$\leqq \sum_{i=1}^{p} \sum_{j=1}^{q} \left(\sup_{(\xi,\eta) \in K_{ij}} G(\xi,\eta) \right) \mu(K(i,j))$$

3.1 節における積分論の議論とはさみうち原理により次の結果を得る．

$$\lim_{|\Delta| \to 0} S(\Delta) = \iint_K G(x,y)dx\,dy$$

以上をまとめて次の結果につながる.

定理 3.16　K における C^1 級関数 $z = f(x, y)$ のグラフの面積は次の通り.

$$S = \iint_K \left(1 + f_x(x, y)^2 + f_y(x, y)^2\right)^{\frac{1}{2}} dx\, dy$$

さて一般の集合 D の場合はどうなるであろうか. 本章の重積分の理論を適用することで同様に議論できて次の結論を得る.

定理 3.17　$D \subset \mathbb{R}^2$ が有界な C^1 級領域，またはより一般に 2 次元のジョルダン可測集合とする. f を $\overline{D}$ で C^1 級関数とするとき $z = f(x, y)$ のグラフの曲面積は次のように与えられる.

$$S = \iint_D \sqrt{1 + f_x(x, y)^2 + f_y(x, y)^2}\, dx\, dy$$

命題 3.18　$D \subset \mathbb{R}^2$ が有界な C^1 級領域，またはより一般に 2 次元のジョルダン可測集合とする. $\overline{D}$ 上の C^1 級関数 $X = X(\xi, \eta), Y = Y(\xi, \eta), Z = Z(\xi, \eta)$ を考える. 3 次元空間の集合

$$M = \{(X(\xi, \eta), Y(\xi, \eta), Z(\xi, \eta)) \in \mathbb{R}^3 \mid (\xi, \eta) \in D\},$$

$$\gamma(\xi, \eta) := \begin{pmatrix} X_\xi(\xi, \eta) \\ Y_\xi(\xi, \eta) \\ Z_\xi(\xi, \eta) \end{pmatrix} \times \begin{pmatrix} X_\eta(\xi, \eta) \\ Y_\eta(\xi, \eta) \\ Z_\eta(\xi, \eta) \end{pmatrix}$$

を定め，$\gamma(\xi, \eta) \neq \mathbf{0}\ ((\xi, \eta) \in D)$ を仮定する. このとき M の面積は以下で与えられる.

$$S(M) = \iint_D |\gamma(\xi, \eta)|\, d\xi\, d\eta$$

注意　この公式は定理 3.17 のものの一般化である. 実際 $X = \xi, Y = \eta, Z = f(\xi, \eta)$ とすれば $\gamma(\xi, \eta) = (-f_\xi, -f_\eta, 1)^T$ となり公式は一致する.

問 3.7　xyz 空間における関数 $z = \alpha x + \beta y$ のグラフのうち $0 \leqq y \leqq 1 - x^2$ の部分の面積を上の公式によって求めよ.

計算例　xyz 空間の原点を中心とする半径 $R > 0$ の球面を考えてみる．z の正方向を北とみなして球面の北緯 $60°$ 以北の部分の面積を計算してみよう．該当部分を関数のグラフとして表現すると

$$z = \sqrt{R^2 - x^2 - y^2} \qquad \left(x^2 + y^2 \leqq \left(\frac{R}{2} \right)^2 \right)$$

となるから

$$S = \iint_E \sqrt{1 + \left(\frac{\partial z}{\partial x} \right)^2 + \left(\frac{\partial z}{\partial y} \right)^2} \, dx dy, \quad E : x^2 + y^2 \leqq \left(\frac{R}{2} \right)^2,$$

$$\frac{\partial z}{\partial x} = \frac{-x}{\sqrt{R^2 - x^2 - y^2}}, \quad \frac{\partial z}{\partial y} = \frac{-y}{\sqrt{R^2 - x^2 - y^2}},$$

$$1 + \left(\frac{\partial z}{\partial x} \right)^2 + \left(\frac{\partial z}{\partial y} \right)^2 = 1 + \frac{x^2}{R^2 - x^2 - y^2} + \frac{y^2}{R^2 - x^2 - y^2}$$

$$= \frac{R^2}{R^2 - x^2 - y^2},$$

$$S = \iint_{x^2 + y^2 \leqq \left(\frac{R}{2} \right)^2} \frac{R}{\sqrt{R^2 - x^2 - y^2}} \, dx \, dy$$

極座標変換 $x = r \cos \theta, y = r \sin \theta \left(0 \leqq \theta < 2\pi, \ 0 \leqq r \leqq \frac{R}{2} \right)$ を施せば

$$S = \int_0^{2\pi} \int_0^{\frac{R}{2}} \frac{R}{\sqrt{R^2 - r^2}} r \, dr \, d\theta$$

$$= 2\pi R [-\sqrt{R^2 - r^2}]_0^{\frac{R}{2}}$$

$$= \pi R^2 (2 - \sqrt{3})$$

注意　この問題の場合 3 次元の極座標変換 $x = R \sin \theta \cos \phi, \ y = R \sin \theta \sin \phi,$ $z = R \cos \theta$ を用いて図形を表せるので命題 3.18 を直接利用できる．これは各自試みてみよ．

計算例（**回転面の面積**）　区間 $[a,b]$ 上の正値の C^1 級の関数 f に対して

$$M = \{(f(t)\cos\theta, f(t)\sin\theta, t) \in \mathbb{R}^3 \mid 0 \leqq \theta < 2\pi,\ a \leqq t \leqq b\}$$

の面積 S は次で与えられる．但し $f(t) > 0$ を仮定する．

$$S = 2\pi \int_a^b f(t)\left(1 + (f'(t))^2\right)^{\frac{1}{2}} dt$$

M を径数（パラメータ）付き曲面として $X = f(t)\cos\theta$, $Y = f(t)\sin\theta$, $Z = t$ を用いて表現できる．よって

$$\gamma(t,\theta) = \begin{pmatrix} X_t(t,\theta) \\ Y_t(t,\theta) \\ Z_t(t,\theta) \end{pmatrix} \times \begin{pmatrix} X_\theta(t,\theta) \\ Y_\theta(t,\theta) \\ Z_\theta(t,\theta) \end{pmatrix} = \begin{pmatrix} f'(t)\cos\theta \\ f'(t)\sin\theta \\ 1 \end{pmatrix} \times \begin{pmatrix} -f(t)\sin\theta \\ f(t)\cos\theta \\ 0 \end{pmatrix}$$

$$= \begin{pmatrix} -f(t)\cos\theta \\ -f(t)\sin\theta \\ f(t)f'(t) \end{pmatrix}, \qquad |\gamma(t,\theta)| = f(t)\sqrt{1 + (f'(t))^2},$$

$$S = \int_a^b \int_0^{2\pi} f(t)\sqrt{1 + (f'(t))^2}\,d\theta\,dt = 2\pi \int_a^b f(t)\sqrt{1 + (f'(t))^2}\,dt$$

から上述の結論が示された．

高次元への一般化　n を 3 以上の自然数とし，集合 $M \subset \mathbb{R}^n$ を $n-1$ 次元超曲面と仮定する．$n-1$ 次元の曲面測度の議論は 2 次元曲面と同様に可能である．2 章で超曲面の議論をしたように，任意の点 $z \in M$ に対し，適当な近傍でうまく座標番号を取ることで C^1 級の関数 $x_n = \varphi(x')$ のグラフの形に表現できる．ここで φ は $\Sigma(z',\delta) = \prod_{i=1}^{n-1}(z_i - \delta, z_i + \delta)$ における C^1 級の関数で $z = (z', z_n)$ である．この座標系を取ったときの M の（z 近傍での）$n-1$ 次元の面積要素は

$$dS = \sqrt{1 + |\nabla'\varphi(x')|^2}\,dx_1\,dx_2\cdots dx_{n-1}$$

で与えられる．この方法を用いれば M 全体としてはグラフで表すことができなくてもパーツにわけて部分ごとに $n-1$ 次元の曲面測度を定め，それらを合算して全体の $n-1$ 次元曲面測度を決めることができる．

3.8 超曲面上の面積要素と積分

本節では曲面上の積分を定める. M を n 次元空間 $\mathbb{R}^n$ における $n-1$ 次元曲面とする. 関数 $f : M \longrightarrow \mathbb{R}$ の M 上の積分をどのように捉えたら良いだろうか. 前節までのユークリッド空間の集合におけるリーマン積分にならって考える. M を小さめの部分集合 $M_1, \ldots, M_N$ にうまく分けて, それらが $\mathbb{R}^{n-1}$ の有界なジョルダン可測集合 $E_1, E_2, \ldots, E_N$ 上の C^1 級関数のグラフとして表現できる. それらを用いて $n-1$ 次元の曲面測度 $dS^{(k)}$ $(1 \leqq k \leqq N)$ を用いて

$$\iint_M f(x)dS = \sum_{k=1}^N \iint_{M_k} f(x)dS^{(k)}$$

として考えれば良い.

例題 3.3

2 次元曲面 $M = \{(x_1, x_2, x_3) \in \mathbb{R}^3 \mid x_3^2 - x_1^2 - x_2^2 = 1, \ 0 \leq x_3 \leq 2\}$（二葉双曲面の一部）とする. M における関数 $f(x) = x_1^2$ に対して $A = \iint_M f(x)\,dS$ を計算せよ.

【解 答】 M は集合 $E = \{(x_1, x_2) \in \mathbb{R}^2 \mid x_1^2 + x_2^2 \leq 3\}$ 上の関数 $\varphi(x_1, x_2) = (1 + x_1^2 + x_2^2)^{\frac{1}{2}}$ でグラフ表示できる. M の面積要素は座標系 (x_1, x_2) によって

$$dS = \left(1 + \left(\frac{\partial \varphi}{\partial x_1}\right)^2 + \left(\frac{\partial \varphi}{\partial x_2}\right)^2\right)^{\frac{1}{2}} dx_1\,dx_2$$

$$= \left(1 + \frac{x_1^2}{1 + x_1^2 + x_2^2} + \frac{x_2^2}{1 + x_1^2 + x_2^2}\right)^{\frac{1}{2}} dx_1\,dx_2$$

$$= \left(\frac{1 + 2x_1^2 + 2x_2^2}{1 + x_1^2 + x_2^2}\right)^{\frac{1}{2}} dx_1\,dx_2$$

と表せる. よって積分は

$$A = \iint_E x_1^2 \left(\frac{1 + 2x_1^2 + 2x_2^2}{1 + x_1^2 + x_2^2} \right)^{\frac{1}{2}} dx_1\, dx_2$$

となる．これを極座標 $x_1 = r\cos\theta, x_2 = r\sin\theta$ を用いて置換積分する．

$$A = \int_0^{2\pi}\int_0^{\sqrt{3}} r^2 \cos^2\theta \left(\frac{1 + 2r^2}{1 + r^2} \right)^{\frac{1}{2}} r\, dr\, d\theta$$

$$= \frac{\pi}{2} \int_0^3 \tau \left(\frac{1 + 2\tau}{1 + \tau} \right)^{\frac{1}{2}} d\tau$$

$$= \pi \int_1^2 (s^2 - 1)\sqrt{2s^2 - 1}\, ds$$

上の計算で変数変換 $s = \sqrt{1 + \tau}$ を行った．この計算を実行して次を得る（下の問を参照）．

$$A = \pi \left\{ \frac{7}{8}\sqrt{7} + \frac{5}{16} + \frac{7}{16\sqrt{2}} \log\left(2 + \sqrt{\frac{7}{2}} \right) - \frac{7}{16\sqrt{2}} \log\left(1 + \frac{1}{\sqrt{2}} \right) \right\}$$

問 3.8　不定積分の公式

$$\int \frac{1}{\sqrt{s^2 + \gamma}}\, ds = \log |s + \sqrt{s^2 + \gamma}|,$$

$$\int \sqrt{s^2 + \gamma}\, ds = \frac{1}{2}(s\sqrt{s^2 + \gamma} + \gamma \log |s + \sqrt{s^2 + \gamma}|),$$

$$\int s^2 \sqrt{s^2 + \gamma}\, ds = \frac{s^3}{4}\sqrt{s^2 + \gamma} + \frac{\gamma s}{8}\sqrt{s^2 + \gamma} - \frac{\gamma^2}{8} \log |s + \sqrt{s^2 + \gamma}|$$

を示し，例題 3.3 の解答中の A の計算の最終部分の積分計算を行え．

━━━━━━━━ **演 習 問 題** ━━━━━━━━

3.1 次の重積分を計算せよ.

(1)　$D = \{(x_1, x_2) \in \mathbb{R}^2 \mid 0 \leq x_1 \leq 1,\, 0 \leq x_2 \leq 2\}$,

$$I = \iint_D (x_1 + x_2)\, dx_1\, dx_2$$

(2)　$D = \{(x_1, x_2, x_3) \in \mathbb{R}^3 \mid 0 \leq x_1 \leq 1,\, 0 \leq x_2 \leq 1,\, 0 \leq x_3 \leq 1\}$,

$$I = \iiint_D x_3\, dx_1\, dx_2\, dx_3$$

3.2 次の重積分を計算せよ.

(1)　$D = \{(x_1, x_2) \in \mathbb{R}^2 \mid x_1 \geq 0,\, x_2 \geq 0,\, 2x_1 + 3x_2 \leq 6\}$,

$$I = \iint_D (2x_1 - x_2)\, dx_1\, dx_2$$

(2)　$D = \{(x_1, x_2, x_3) \in \mathbb{R}^3 \mid x_1 \geq 0,\, x_2 \geq 0,\, x_3 \geq 0,\, x_1 + x_2 + 2x_3 \leq 4\}$,

$$I = \iiint_D x_1\, x_2\, x_3\, dx_1\, dx_2\, dx_3$$

3.3 次の重積分を計算せよ.

$$D = \{(x_1, x_2, x_3) \in \mathbb{R}^3 \mid x_1 \geq 0,\, x_2 \geq 0,\, x_3 \geq 0,\, x_1 + x_2 + x_3 \leq 1\},$$

$$I = \iiint_D x_1^{\alpha}\, x_2^{\beta}\, x_3^{\gamma}\, dx_1\, dx_2\, dx_3 \quad (\alpha, \beta, \gamma : \text{非負定数})$$

(ヒント：ベータ関数, ガンマ関数などを利用.)

3.4 次の重積分を計算せよ.

(1)　$T = \{(x_1, x_2) \in \mathbb{R}^2 \mid |x_1 + 3x_2| \leq 3,\, |3x_1 - x_2| \leq 2\}$,

$$I = \iint_T e^{x_1}\, dx_1\, dx_2$$

(2)　$T = \{(x_1, x_2) \in \mathbb{R}^2 \mid 0 \leq x_2 \leq x_1^2 \leq 4\}$,

$$I = \iint_T x_2\, dx_1\, dx_2$$

3.5 次の集合 D の体積および重積分を計算せよ.

$$D = \{(x_1, x_2, x_3) \in \mathbb{R}^3 \mid |2x_1 - x_2| \leq 1,\, |x_1 - 2x_2 + x_3| \leq 1,\, |x_2 - 2x_3| \leq 1\},$$

$$I = \iiint_D (x_1 + 1)\, dx_1\, dx_2\, dx_3$$

3.6 次の立体 T の体積を計算せよ.

(1) $\quad T = \left\{ (x_1, x_2, x_3) \in \mathbb{R}^3 \,\middle|\, x_1^2 + \left(\frac{x_2^2}{2} \right) \leqq x_3^2,\ 0 \leqq x_3 \leqq 1 \right\}$

(2) $\quad T = \{ (x_1, x_2, x_3) \in \mathbb{R}^3 \mid x_1^2 + x_2^2 \leqq 1,\ x_1^2 + x_3^2 \leqq 1,\ x_2^2 + x_3^2 \leqq 1 \}$

3.7 $\mathbb{R}^3$ の集合 $T = \{ (x_1, x_2, x_3) \in \mathbb{R}^3 \mid |x_1| + |x_2| \leqq 1 - x_3^2 \}$ の体積を求めよ.

3.8 $\mathbb{R}^n$ の集合 D_1, D_2 の n 次元測度を計算せよ. $a > 0$ とする.

$$D_1 = \{ (x_1, x_2, \ldots, x_n) \in \mathbb{R}^n \mid x_1 + x_2 + \cdots + x_n \leqq a,\ x_i \geqq 0 \ (1 \leqq i \leqq n) \},$$
$$D_2 = \{ (x_1, x_2, \ldots, x_n) \in \mathbb{R}^n \mid 0 \leqq x_1 \leqq x_2 \leqq \cdots \leqq x_n \leqq a \}$$

3.9 平面における曲線

$$C : x_1 = \left(1 + \frac{1}{n} \right) \cos\theta - \frac{1}{n} \cos(n+1)\theta,$$
$$x_2 = \left(1 + \frac{1}{n} \right) \sin\theta - \frac{1}{n} \sin(n+1)\theta$$

$(0 \leqq \theta \leqq 2\pi)$ の長さを計算せよ. 但し n は自然数とする.

3.10 3 次元空間の曲面

$$M : (x_1^2 + x_2^2)^{\frac{1}{2}} = e^{x_3} \ (0 \leqq x_3 \leqq 2)$$

の曲面積 $S(M)$ を計算せよ.

3.11 曲面 $x_3 = \dfrac{x_1^2}{2} + \dfrac{x_2^2}{2}$ （放物面）のうち $x_3 \leqq 2$ の範囲の曲面積 S を計算せよ.

3.12 曲面 $\dfrac{x_1^2}{4} + \dfrac{x_2^2}{4} + x_3^2 = 1$ （楕円面）のうち $x_3 \geqq \dfrac{1}{2}$ の範囲の曲面積 S を計算せよ.

3.13 $\mathbb{R}^2$ 内の曲線 $C : x_1 = \phi_1(t),\ x_2 = \phi_2(t) \quad (\alpha \leqq t \leqq \beta)$ について $\phi_1(t), \phi_2(t)$ は C^1 級であるとする. このとき C は 2 次元ジョルダン可測集合であり, その測度はゼロであることを示せ.

3.14 $\mathbb{R}^3$ の集合 D の体積を求めよ.

$$D = \{ (x_1, x_2, x_3) \in \mathbb{R}^n \mid x_1^2 + x_2^2 + x_3^2 \leqq 1,\ x_1 + x_2 + x_3 \geqq 1 \}$$

3.15 集合 $D \subset \mathbb{R}^n$ が以下に与えられる.

$$D = \{ (x', x_n) \in \mathbb{R}^n \mid |x'|^2 \leqq x_n^2,\ 0 \leqq x_n \leqq 1 \}$$

このとき D の n 次元測度を求めよ.

3.16 集合 $E, F, G \subset \mathbb{R}^n$ に対し, C^1 級写像 $\Phi : E \longrightarrow F,\ \Psi : F \longrightarrow G$ があると仮定する. このとき 2 つの写像 $y = \Phi(x),\ z = \Psi(y)$ の合成 $z = (\Psi \circ \Phi)(x)$ のヤコビ行列 $J_{\Psi \circ \Phi}$ は次で与えられることを示せ.

$$J_{\Psi \circ \Phi}(x) = J_\Psi(\Phi(x))J_\Phi(x)$$

3.17 3 次元空間における球面 $M : x_1^2 + x_2^2 + x_3^2 = 1$ における積分

$$\iint_M (\alpha_1 x_1^2 + \alpha_2 x_2^2 + \alpha_3 x_3^2)dS$$

を計算せよ．但し $\alpha_1, \alpha_2, \alpha_3$ は定数である．

3.18 集合 $E, F \subset \mathbb{R}^n$ に対し，C^1 級写像 $\Phi : E \longrightarrow F$, $\Psi : F \longrightarrow E$ があると仮定する．互いに逆写像であると仮定する．すなわち

$$(\Phi \circ \Psi)(y) = y \quad (y \in F), \quad (\Psi \circ \Phi)(x) = x \quad (x \in E)$$

と仮定する．このとき，それぞれのヤコビ行列 $J_\Psi(y)$, $J_\Phi(x)$ は正則行列であり，$y = \Phi(x)$ のとき互いに逆行列になることを示せ．

3.19 以下の 3 次元の集合 D の体積 $\mu^{(3)}(D)$ を求めよ．

$$D = \left\{ (x_1, x_2, x_3) \in \mathbb{R}^3 \,\middle|\, \frac{1}{4}\left(\sqrt{x_1^2 + x_2^2} - 3\right)^2 + x_3^2 \leqq 1 \right\}$$

3.20 以下の 3 次元空間内の曲面 M の曲面積 S を求めよ．

$$M = \left\{ (x_1, x_2, x_3) \in \mathbb{R}^3 \,\middle|\, \left(\sqrt{x_1^2 + x_2^2} - 3\right)^2 + x_3^2 = 1 \right\}$$

3.21 次の重積分を計算せよ．

$$D = \left\{ x \in \mathbb{R}^3 \mid x_1 \geqq 0, \, x_2 \geqq 0, \, x_3 \geqq 0, \, \left(\frac{x_1}{a}\right)^\alpha + \left(\frac{x_2}{b}\right)^\beta + \left(\frac{x_3}{c}\right)^\gamma \leqq 1 \right\},$$

$$I = \iiint_D x_1^k \, x_2^\ell \, x_3^m \, dx_1 \, dx_2 \, dx_3$$

ここで $a, b, c, \alpha, \beta, \gamma, k, \ell, m$ は正定数である（問題 3.3 に関連）．

第 4 章
ガウス・グリーンの定理

本章では多変数関数に関する微分積分学において重要な積分公式であるガウス・グリーンの定理および部分積分の公式を示し，そのあとストークスの定理を示す．これらは 1 変数関数における微分積分学の基本定理や部分積分の公式を多次元化したものと見なされる．これらの公式は諸科学[†] において，物理法則の定式化やモデル方程式の導出や解の計算などの際に幅広く活用される．

4.1 ガウス・グリーンの定理

n 次元の集合上の関数やベクトル値関数に対する重要な（演算）記号を復習しておく．$\mathbb{R}^n$ に値を取る関数をその集合における**ベクトル場**という．$X(x) = (X_1(x), X_2(x), \dots, X_n(x))$ の各成分が偏微分可能であるとして

$$\operatorname{div} X(x) = \frac{\partial X_1}{\partial x_1} + \frac{\partial X_2}{\partial x_2} + \cdots + \frac{\partial X_n}{\partial x_n}$$

を定める．これをベクトル場 X の**発散**という．偏微分可能な関数 ϕ に対して，ベクトル場

$$\nabla \phi = \left(\frac{\partial \phi}{\partial x_1}, \frac{\partial \phi}{\partial x_2}, \dots, \frac{\partial \phi}{\partial x_n} \right)$$

を ϕ の**勾配ベクトル場**という．$\nabla \phi$ は $\operatorname{grad} \phi$ とも書かれる．さらに ϕ が 2 回偏微分可能であるとして

$$\Delta \phi = \operatorname{div}(\nabla \phi) = \frac{\partial^2 \phi}{\partial x_1^2} + \frac{\partial^2 \phi}{\partial x_2^2} + \cdots + \frac{\partial^2 \phi}{\partial x_n^2}$$

[†]数学や理工学系の諸分野.

112

として定まる Δ を**ラプラス**[†] **作用素**という. Δ はラプラシアンとも呼ばれる, 数学の多くの分野で重要な偏微分作用素である. 記号自体はリーマン和の項で登場した分割と似ているが全然別物なので注意しよう.

空間次元が 3 次元の場合 $(n = 3)$ のとき偏微分可能なベクトル場 $X = (X_1, X_2, X_3)$ に対して

$$\mathrm{rot}\, X = \left(\frac{\partial X_3}{\partial x_2} - \frac{\partial X_2}{\partial x_3}, \frac{\partial X_1}{\partial x_3} - \frac{\partial X_3}{\partial x_1}, \frac{\partial X_2}{\partial x_1} - \frac{\partial X_1}{\partial x_2} \right)$$

と定める（これも 3 次元のベクトル場となる）. これをベクトル場の**回転**（**rotation**）[‡] という. さて本章の主定理を述べることにする.

$D \subset \mathbb{R}^n$ は有界領域で, 境界 $\partial \Omega$ は区分的に C^1 級であるとする, このとき, ベクトル値関数に関して領域上の積分について次の公式が成立する. これが本書の主な目的である.

定理 4.1 （ガウス[§]・グリーン[¶]）　上の状況において $X = (X_1, X_2, \ldots, X_n)$ は $\overline{D}$ 上の C^1 級のベクトル値関数とする. このとき, 次の等式が成立する.

$$\int_D^{(n)} \mathrm{div}\, X(x)\, dx = \int_{\partial D}^{(n-1)} (X(x), \nu(x))\, dS$$

但し $\nu(\xi) = (\nu_1(\xi), \nu_2(\xi), \ldots, \nu_n(\xi))$ は ∂D 上の点 ξ における外向き単位法線ベクトルである.

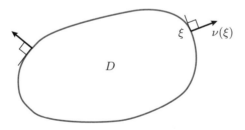

図 4.1 　領域の外向き単位法線ベクトル

[†] Pierre Simon Laplace 1749-1827：フランスの数学者, 物理学, 天文学の仕事も有名.

[‡] $\mathrm{curl}\, X$ あるいは $\nabla \times X$ とも書く.

[§] Carl Friedrich Gauss 1777-1855：ドイツの数学者, 数学の多くの分野で業績を残した.

[¶] George Green 1793-1841：イギリスの物理学者, ポテンシャル論でも先駆的仕事をした.

　ガウス・グリーンの定理に関連するいくつかの公式を導いておく．これらは
変数変換や置き換えなどで上の主定理からすぐ従う．

系 4.2　$X = (X_1, X_2, \ldots, X_n)$ は $\overline{D}$ 上の C^1 級のベクトル値関数，ϕ は C^1
級関数とする．このとき

$$\int_D^{(n)} (X(x), \nabla\phi(x))\, dx$$

$$= \int_{\partial D}^{(n-1)} \phi(x)\, (X(x), \nu(x))\, dS - \int_D^{(n)} \phi(x)\, \mathrm{div}\, X(x)\, dx$$

　証明　定理 4.1 において X を ϕX に取り替えてこの結果を得る．■

系 4.3　ϕ, ψ は $\overline{D}$ 上の C^1 級の関数とする．このとき $j = 1, 2, \ldots, n$ に対し
て次の等式が成立する．

$$\int_D^{(n)} \psi(x)\, \frac{\partial\phi(x)}{\partial x_j}\, dx = \int_{\partial D}^{(n-1)} \psi(x)\, \phi(x) \nu_j(x)\, dS - \int_D^{(n)} \frac{\partial\psi(x)}{\partial x_j}\, \phi(x)\, dx$$

　証明　系 4.2 において $X(x) = (0, \ldots, 0, \psi(x), 0, \ldots, 0)$ とおけば良い（ψ は
X の j 成分である）．■

命題 4.4　$D \subset \mathbb{R}^n$ は C^1 級の境界をもつ有界な領域とする．ϕ, ψ を $\overline{D}$ にお
ける C^1 級関数とする．このとき，次の等式が成立する．

$$\int_D^{(n)} \Delta\phi\, dx = \int_{\partial D}^{(n-1)} \frac{\partial\phi}{\partial\nu}\, dS,$$

$$\int_D^{(n)} \psi\Delta\phi\, dx = \int_{\partial D}^{(n-1)} \psi\, \frac{\partial\phi}{\partial\nu}\, dS - \int_D^{(n)} (\nabla\psi, \nabla\phi)\, dx,$$

$$\int_D^{(n)} (\psi\Delta\phi - \phi\Delta\psi)\, dx = \int_{\partial D}^{(n-1)} \left(\psi\frac{\partial\phi}{\partial\nu} - \phi\frac{\partial\psi}{\partial\nu}\right)\, dS$$

ここで $\frac{\partial\phi}{\partial\nu}(x) = (\nabla\phi(x), \nu(x))$　$(x \in \partial\Omega)$ である．

証明 ガウス・グリーンの定理で $X = \nabla\phi$ とおけば良い．2番目の等式は系 4.2 において $X = \nabla\psi$ として得られる．

$$\mathrm{div}(\psi\nabla\phi - \phi\nabla\psi) = (\nabla\psi, \nabla\phi) + \psi\Delta\phi - ((\nabla\phi, \nabla\psi) + \phi\Delta\psi)$$

$$= \psi\Delta\phi - \phi\Delta\psi$$

両辺を D で積分してガウス・グリーンの定理を適用して次を得る．

$$\int_{\partial D}^{(n-1)} (\psi\nabla\phi - \phi\nabla\psi, \nu)dS = \int_{D}^{(n)} (\psi\Delta\phi - \phi\Delta\psi)dx$$

左辺を $(\nabla\phi, \nu) = \frac{\partial\phi}{\partial\nu}$, $(\nabla\psi, \nu) = \frac{\partial\psi}{\partial\nu}$ で書き替えて，結論を得る．■

命題 4.5 $D \subset \mathbb{R}^3$ は有界な領域で境界 ∂D は C^1 級であるとする．Φ, Ψ を $\overline{D}$ 上の C^1 級のベクトル値（$\mathbb{R}^3$ 値）関数とする．このとき，次の等式が成立する．

$$\iiint_D (\mathrm{rot}\,\Phi, \Psi)\,dx = \iint_{\partial D} (\nu \times \Phi, \Psi)\,dS + \iiint_D (\Phi, \mathrm{rot}\,\Psi)\,dx$$

証明 左辺を部分積分の公式で変形する．

$$\iiint_D \left\{ \left(\frac{\partial\Phi_3}{\partial x_2} - \frac{\partial\Phi_2}{\partial x_3}\right)\Psi_1 + \left(\frac{\partial\Phi_1}{\partial x_3} - \frac{\partial\Phi_3}{\partial x_1}\right)\Psi_2 + \left(\frac{\partial\Phi_2}{\partial x_1} - \frac{\partial\Phi_1}{\partial x_2}\right)\Psi_3 \right\} dx$$

$$= \iint_{\partial D} \left\{ (\nu_2\Phi_3 - \nu_3\Phi_2)\Psi_1 + (\nu_3\Phi_1 - \nu_1\Phi_3)\Psi_2 + (\nu_1\Phi_2 - \nu_2\Phi_1)\Psi_3 \right\} dS$$

$$- \iiint_D \left(\Phi_3\frac{\partial\Psi_1}{\partial x_2} - \Phi_2\frac{\partial\Psi_1}{\partial x_3} + \Phi_1\frac{\partial\Psi_2}{\partial x_3} - \Phi_3\frac{\partial\Psi_2}{\partial x_1} + \Phi_2\frac{\partial\Psi_3}{\partial x_1} - \Phi_1\frac{\partial\Psi_3}{\partial x_2} \right) dx$$

$$= \iint_{\partial D} (\nu \times \Phi, \Psi)dS$$

$$- \iiint_D \left\{ \Phi_1\left(\frac{\partial\Psi_2}{\partial x_3} - \frac{\partial\Psi_3}{\partial x_2}\right) + \Phi_2\left(\frac{\partial\Psi_3}{\partial x_1} - \frac{\partial\Psi_1}{\partial x_3}\right) + \Phi_3\left(\frac{\partial\Psi_1}{\partial x_2} - \frac{\partial\Psi_2}{\partial x_1}\right) \right\} dx$$

$$= \iint_{\partial D} (\nu \times \Phi, \Psi)dS + \iiint_D (\Phi, \mathrm{rot}\,\Psi)dx \quad ■$$

4.2 主定理の証明の概要

$n = 3$ の場合に証明する．まず D が縦線形集合の場合に限って議論する．以下記号の簡略化のため $x' = (x_1, x_2)$, $\nabla'\psi = \left(\frac{\partial\psi}{\partial x_1}, \frac{\partial\psi}{\partial x_2}\right)$ をしばしば用いる．D として以下の形の集合を考える．まず $K = [a_1, b_1] \times [a_2, b_2]$ として

$$D = \{(x', x_3) \in \mathbb{R}^3 \mid x' \in K, \, \phi_1(x') \leqq x_3 \leqq \phi_2(x')\}$$

ここで ϕ_1, ϕ_2 は K 上の C^1 級関数で $\phi_1(x') \leqq \phi_2(x')$ $(x' \in K)$ を仮定する．境界 ∂D を以下のように分解しておく（図 4.2）．

$$\partial D = T_1 \cup T_2 \cup T_3 \cup T_4 \cup T_5 \cup T_6$$

ここで境界の各部分は以下のように記述されるが，2.7 節，3.7 節を参考にして境界での面積要素 dS と外向き単位法線ベクトル $\nu(x) = (\nu_1(x), \nu_2(x), \nu_3(x))$ も求めておく．

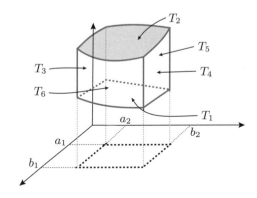

図 4.2　3 次元の縦線形集合と境界の表現

(T_1) 　$T_1 = \{(x', \phi_1(x')) \in \mathbb{R}^3 \mid x' \in K\}$

$\nu(x', \phi_1(x')) = \dfrac{1}{\sqrt{1 + |\nabla'\phi_1(x')|^2}}(\nabla'\phi_1(x'), -1) \quad (x' \in K)$

$dS = \sqrt{1 + |\nabla'\phi_1(x')|^2}\, dx_1\, dx_2 \quad (x \in T_1)$

(T_2) $\quad T_2 = \{(x', \phi_2(x')) \in \mathbb{R}^3 \mid x' \in K\}$

$$\nu(x', \phi_2(x')) = \frac{1}{\sqrt{1 + |\nabla'\phi_2(x')|^2}}(-\nabla'\phi_2(x'), 1) \quad (x' \in K)$$

$$dS = \sqrt{1 + |\nabla'\phi_2(x')|^2}\, dx_1\, dx_2 \quad (x \in T_2)$$

(T_3) $\quad T_3 = \{(x_1, a_2, x_3) \in \mathbb{R}^3 \mid a_1 \leqq x_1 \leqq b_1, \phi_1(x_1, a_2) < x_3 < \phi_2(x_1, a_2)\}$

$$dS = dx_1\, dx_3, \quad \nu(x) = (0, -1, 0) \quad (x \in T_3)$$

(T_4) $\quad T_4 = \{(x_1, b_2, x_3) \in \mathbb{R}^3 \mid a_1 \leqq x_1 \leqq b_1, \phi_1(x_1, b_2) < x_3 < \phi_2(x_1, b_2)\}$

$$dS = dx_1\, dx_3, \quad \nu(x) = (0, 1, 0) \quad (x \in T_4)$$

(T_5) $\quad T_5 = \{(a_1, x_2, x_3) \in \mathbb{R}^3 \mid a_2 \leqq x_2 \leqq b_2, \phi_1(a_1, x_2) < x_3 < \phi_2(a_1, x_2)\}$

$$dS = dx_2\, dx_3, \quad \nu(x) = (-1, 0, 0) \quad (x \in T_5)$$

(T_6) $\quad T_6 = \{(b_1, x_2, x_3) \in \mathbb{R}^3 \mid a_2 \leqq x_2 \leqq b_2, \phi_1(b_1, x_2) < x_3 < \phi_2(b_1, x_2)\}$

$$dS = dx_2\, dx_3, \quad \nu(x) = (1, 0, 0) \quad (x \in T_6)$$

$n = 3$ のときの定理の左辺の各項

$$I_j = \iiint_D \frac{\partial X_j}{\partial x_j}\, dx_1\, dx_2\, dx_3 \qquad (1 \leqq j \leqq 3)$$

を式変形してゆく.

$$I_3 = \iiint_D \frac{\partial X_3}{\partial x_3}\, dx_1\, dx_2\, dx_3 = \iint_K \left(\int_{\phi_1(x')}^{\phi_2(x')} \frac{\partial X_3}{\partial x_3}\, dx_3\right) dx_1\, dx_2$$

$$= \iint_K (X_3(x', \phi_2(x')) - X_3(x', \phi_1(x')))dx_1\, dx_2$$

$$= \iint_K X_3(x', \phi_2(x')) \frac{1}{\sqrt{1 + |\nabla'\phi_2(x')|^2}}\, \sqrt{1 + |\nabla'\phi_2(x')|^2}\, dx_1\, dx_2$$

$$+ \iint_K X_3(x', \phi_1(x')) \frac{(-1)}{\sqrt{1 + |\nabla'\phi_1(x')|^2}}\, \sqrt{1 + |\nabla'\phi_1(x')|^2}\, dx_1\, dx_2$$

$$= \iint_{T_2} X_3(x)\nu_3(x)\, dS + \iint_{T_1} X_3(x)\nu_3(x)\, dS$$

$T_3 \cup T_4 \cup T_5 \cup T_6$ では $\nu_3(x) = 0$ なので上記の計算は

$$I_3 = \iint_{T_1 \cup T_2} X_3(x)\nu_3(x)dS = \int_{\partial D} X_3(x)\nu_3(x)dS$$

を意味する．次に I_1, I_2 を計算する．$i = 1, 2$ に対して

$$I_i = \iiint_D \frac{\partial X_i}{\partial x_i}\, dx_1\, dx_2\, dx_3 = \iint_K \left(\int_{\phi_1(x')}^{\phi_2(x')} \frac{\partial X_i}{\partial x_i}\, dx_3 \right) dx_1\, dx_2$$

を式変形するため予備的に

$$\frac{\partial}{\partial x_i} \int_{\phi_1(x')}^{\phi_2(x')} X_i(x', x_3)dx_3$$

$$= \int_{\phi_1(x')}^{\phi_2(x')} \frac{\partial X_i}{\partial x_i}\, dx_3$$

$$+ X_i(x', \phi_2(x'))\frac{\partial \phi_2}{\partial x_i} - X_i(x', \phi_1(x'))\frac{\partial \phi_1}{\partial x_i} \qquad (i = 1, 2)$$

の式変形を準備しておく（付録の定理 A.17 参照）．$i = 1$ の式を I_1 に代入して

$$I_1 = \iint_K \left(\frac{\partial}{\partial x_1} \int_{\phi_1(x')}^{\phi_2(x')} X_1(x', x_3)dx_3 \right) dx_1\, dx_2$$

$$+ \iint_K \left(-X_1(x', \phi_2(x'))\frac{\partial \phi_2}{\partial x_1} + X_1(x', \phi_1(x'))\frac{\partial \phi_1}{\partial x_1} \right) dx_1\, dx_2$$

$$= \int_{a_2}^{b_2} \left\{ \int_{a_1}^{b_1} \left(\frac{\partial}{\partial x_1} \int_{\phi_1(x_1,x_2)}^{\phi_2(x_1,x_2)} X_1(x', x_3)dx_3 \right) dx_1 \right\} dx_2$$

$$+ \iint_K \left(-X_1(x', \phi_2(x'))\frac{\partial \phi_2}{\partial x_1} \right) dx_1\, dx_2 + \iint_K \left(X_1(x', \phi_1(x'))\frac{\partial \phi_1}{\partial x_1} \right) dx_1\, dx_2$$

$$= \int_{a_2}^{b_2} \left(\int_{\phi_1(b_1,x_2)}^{\phi_2(b_1,x_2)} X_1(b_1, x_2, x_3)dx_3 - \int_{\phi_1(a_1,x_2)}^{\phi_2(a_1,x_2)} X_1(a_1, x_2, x_3)dx_3 \right) dx_2$$

$$+ \iint_K X_1(x', \phi_2(x'))\left(-\frac{\partial \phi_2}{\partial x_1} \right) dx_1\, dx_2 + \iint_K X_1(x', \phi_1(x'))\frac{\partial \phi_1}{\partial x_1}\, dx_1\, dx_2$$

$$= \iint_{T_6} X_1(x)\nu_1(x)dS + \iint_{T_5} X_1(x)\nu_1(x)dS$$

$$+ \iint_K X_1(x', \phi_2(x')) \frac{-\frac{\partial \phi_2(x')}{\partial x_1}}{\sqrt{1 + |\nabla' \phi_2(x')|^2}} \sqrt{1 + |\nabla' \phi_2(x')|^2}\, dx_1\, dx_2$$

$$+ \iint_K X_1(x', \phi_1(x')) \frac{\frac{\partial \phi_1(x')}{\partial x_1}}{\sqrt{1 + |\nabla' \phi_1(x')|^2}} \sqrt{1 + |\nabla' \phi_1(x')|^2}\, dx_1\, dx_2$$

$$= \iint_{T_6} X_1(x)\nu_1(x)dS + \iint_{T_5} X_1(x)\nu_1(x)dS$$

$$+ \iint_{T_2} X_1(x)\nu_1(x)dS + \iint_{T_1} X_1(x)\nu_1(x)dS$$

T_3, T_4 の上では $\nu_1(x) = 0$ なので，結局上の計算から

$$I_1 = \int_{T_1 \cup T_2 \cup T_3 \cup T_4 \cup T_5 \cup T_6} X_1(x)\nu_1(x)dS = \iint_{\partial D} X_1(x)\nu_1(x)dS$$

が従う．I_1 の計算と同様にして

$$I_2 = \iint_{\partial D} X_2(x)\nu_2(x)dS$$

を示すことができる．以上を総合して縦線形集合の場合に限って結論を得ることができた．一般の場合については D を分割して有限個の縦線形集合 $D_1, \dots, D_N$ に分けて，まず各 D_ℓ に上で得た結果を適用する．次に $\ell = 1, 2, \dots, N$ について辺々で和を取る．∂D_j $(1 \leqq j \leqq N)$ 上の積分のうち D 内部の部分は互いに打ち消し合ってゼロになることに注意せよ（図 4.3 参照）．

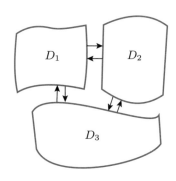

図 4.3　有限個の縦線形集合への分解

4.3　関連するいくつかの公式

ガウス・グリーンの定理を適用して得られる諸結果を導く.

命題 4.6　$\mathbb{R}^3$ における C^2 級関数 φ に対してその台 $\mathrm{supp}(\varphi)$ は有界であると仮定する. このとき, 次の公式が成立する.

$$\iiint_{\mathbb{R}^3} \frac{1}{|x-y|} \Delta\varphi(y)\, dy = -4\pi\varphi(x) \quad (x \in \mathbb{R}^3)$$

証明　任意の $z \in \mathbb{R}^3$ を取る. φ の台が有界なので $R > 0$ を大きく取って $B(z,R)$ が $\mathrm{supp}(\varphi)$ を含むようにしておく. 十分小さい $\varepsilon \in (0,R) > 0$ に対して $D = B(z,R) \setminus B(z,\varepsilon)$ として命題 4.4 の適用を考える.

$$\iiint_D \left(\frac{1}{|z-y|} \Delta_y\varphi(y) - \Delta_y\left(\frac{1}{|z-y|} \right) \varphi(y) \right) dy$$

$$= \iint_{\partial D} \left\{ \frac{1}{|z-y|} \frac{\partial\varphi(y)}{\partial\nu_y} - \frac{\partial}{\partial\nu_y}\left(\frac{1}{|z-y|} \right) \varphi(y) \right\} dS_y$$

2 つのことに注意する. $\Delta_y\left(\frac{1}{|z-y|} \right) = 0 \ (y \neq z)$ であること, および $\partial D = \partial B(z,\varepsilon) \cup \partial B(z,R)$ であり, $\varphi(y)$ が $\partial B(z,R)$ の近傍でゼロより

$$\iiint_{B(z,R)\setminus B(z,\varepsilon)} \frac{1}{|z-y|} \Delta_y\varphi(y)\, dy$$

$$= \iint_{\partial B(z,\varepsilon)} \left\{ \frac{1}{|z-y|} \frac{\partial\varphi(y)}{\partial\nu_y} - \frac{\partial}{\partial\nu_y}\left(\frac{1}{|z-y|} \right) \varphi(y) \right\} dS_y$$

となる. ここで, 右辺の 2 つの項の積分の極限を見る. $\partial B(z,\varepsilon)$ の曲面積は $4\pi\varepsilon^2$ であることに注意する. 第 1 項目の積分は

$$\left| \iint_{\partial B(z,\varepsilon)} \frac{1}{|z-y|} \frac{\partial\varphi(y)}{\partial\nu_y} dS \right| \leq \iint_{\partial B(z,\varepsilon)} \frac{1}{\varepsilon} \sup_{B(z,R)} |\nabla\varphi(y)|\, dS$$

$$= 4\pi\varepsilon \sup_{y \in B(z,R)} |\nabla\varphi(y)| \to 0 \quad (\varepsilon \downarrow 0)$$

となる. $\partial B(z,\varepsilon)$ における D の外向きの単位法線ベクトルを考慮して

$$\frac{\partial}{\partial\nu_y}\left(\frac{1}{|z-y|} \right) = -\frac{\partial}{\partial r}\left(\frac{1}{r} \right)_{|r=\varepsilon} = \left(\frac{1}{r^2} \right)_{|r=\varepsilon} = \frac{1}{\varepsilon^2}$$

であるから

$$J(\varepsilon) := \iint_{\partial B(z,\varepsilon)} \frac{\partial}{\partial \nu_y} \left(\frac{1}{|z-y|} \right) \varphi(y) dS_y = \iint_{\partial B(z,\varepsilon)} \frac{1}{\varepsilon^2} \varphi(y) dS_y$$

となる. 積分の評価をして

$$4\pi \inf\{\varphi(y) \mid y \in \overline{B(z,\varepsilon)}\} \leqq J(\varepsilon) \leqq 4\pi \sup\{\varphi(y) \mid y \in \overline{B(z,\varepsilon)}\}$$

φ の連続性とはさみうち原理により $\lim_{\varepsilon\downarrow 0} J(\varepsilon) = 4\pi\varphi(z)$ を得る. これらを総合して $\varepsilon \downarrow 0$ の極限を取って命題の結論を得る. ∎

命題 4.7 $D \subset \mathbb{R}^3$ を領域とする. u を D 上の任意の調和関数, すなわち $\Delta u = 0 \ (x \in D)$ を満たす C^2 級関数であるとして, もし $z \in D$ および $\tau > 0$ が $\overline{B(z,\tau)} \subset D$ を満たすならば次の等式が成立する.

$$u(z) = \frac{1}{\frac{4}{3}\pi r^3} \iiint_{B(z,r)} u(x)\, dx = \frac{1}{4\pi r^2} \iint_{\partial B(z,r)} u(x)\, dS$$

この事実は調和関数に対する**平均値の性質**と呼ばれる.

証明 $0 < s_1 \leqq s_2 \leqq \tau$ として $E = \overline{B(z,s_2)} \setminus B(z,s_1)$ とおき, ベクトル場 ∇u に対してガウス・グリーンの定理を適用して次の積分の等式を得る.

$$0 = \iiint_E \Delta u(x) dx = \iint_{\partial E} \frac{\partial u}{\partial \nu} dS$$

ここで極座標を導入する.

$$x_1 = z_1 + r\sin\theta\cos\phi, \quad x_2 = z_2 + r\sin\theta\sin\phi, \quad x_3 = z_3 + r\cos\theta$$

これによって積分等式を書き換える.

$$dx = r^2 \sin\theta\, dr\, d\phi\, d\theta$$

$$\frac{\partial}{\partial \nu} = -\frac{\partial}{\partial r}, \quad dS = s_1^2 \sin\theta\, d\theta\, d\phi \quad (x \in \partial B(z,s_1))$$

$$\frac{\partial}{\partial \nu} = \frac{\partial}{\partial r}, \quad dS = s_2^2 \sin\theta\, d\theta\, d\phi \quad (x \in \partial B(z,s_2))$$

$\Sigma = \{(\phi,\theta) \mid 0 \leqq \phi < 2\pi, \ 0 \leqq \theta \leqq \pi\}$ とすると

$$0 = \iint_\Sigma \frac{\partial u}{\partial r}(s_2, \phi, \theta)\, s_2^2 \sin\theta\, d\phi\, d\theta - \iint_\Sigma \frac{\partial u}{\partial r}(s_1, \phi, \theta)\, s_1^2 \sin\theta\, d\phi\, d\theta$$

である. 次に

$$g(r) = \iint_\Sigma u(r, \phi, \theta)\, \sin\theta\, d\phi\, d\theta \quad (0 < r \leqq \tau)$$

と定める. u が C^2 級であるから積分記号下で偏微分ができて

$$\frac{dg(r)}{dr} = \iint_\Sigma \frac{\partial u}{\partial r}(r, \phi, \theta)\, \sin\theta\, d\phi\, d\theta \quad (0 < r \leqq \tau)$$

となるので上の等式より

$$s_2^2 \frac{dg}{dr}(s_2) - s_1^2 \frac{dg}{dr}(s_1) = 0 \quad (0 < s_1 < s_2 \leqq \tau)$$

を得る. よって $g'(s)\, s^2$ は s によらず定数関数であることになる. ある定数 c があって $g'(r) = \frac{c}{r^2}$ となり, 積分して

$$g(s) = -\frac{c}{s} + c' \qquad (0 < s \leqq \tau)$$

一方 u の連続性により $\lim_{r \to 0} u(r, \phi, \theta) = u(z)$ となるので

$$c = 0, \qquad c' = u(z) \iint_\Sigma 1 \times \sin\theta\, d\phi\, d\theta = 4\pi u(z)$$

よって $g(s) = 4\pi u(z)\ (0 < s \leqq \tau)$ を得る. s^2 をかけて元の変数に戻して命題の 2 つ目の等式を得る.

$$4\pi u(z)s^2 = s^2 \iint_\Sigma u(s, \phi, \theta)\sin\theta\, d\phi\, d\theta = \iint_{\partial B(z,s)} u(x)dS$$

両辺を $0 \leqq s \leqq r$ で積分して命題の 1 つ目の等式を得る.

$$\frac{4\pi r^3}{3} u(z) = \int_0^r \left(\iint_\Sigma u(s, \phi, \theta)s^2\, d\phi\, d\theta \right) ds = \iiint_{B(z,r)} u(x)dx \quad \blacksquare$$

問 4.1　$D \subset \mathbb{R}^n$ は有界な C^1 級領域であるとする. このとき, 次を示せ.

$$\iint_{\partial D} \nu_j(x)dS = 0 \quad (1 \leqq j \leqq n)$$

4.4 ベクトル場と線積分

領域 $D \subset \mathbb{R}^n$ および D に含まれる曲線 C を考察する. C は以下に与えられるとする.

$$C : \phi(t) = (\phi_1(t), \phi_2(t), \ldots, \phi_n(t)) \quad (a \leqq t \leqq b)$$

ここで $\phi(a)$ が始点, $\phi(b)$ が終点として向きが与えられ, 各 $\phi_i = \phi_i(t)$ は $[a, b]$ 上の C^1 級関数であって $|\phi'(t)| > 0 \; (a \leqq t \leqq b)$ と仮定する.

定義 （線積分） 上のように D 内に与えられた有向曲線 C に対してベクトル場の線積分を定める. D における連続なベクトル場 $X = (X_1, X_2, \ldots, X_n)$ に対して，次の量を与える.

$$\int_C X \cdot d\boldsymbol{\tau} = \int_a^b (X(\phi(t)), \phi'(t)) \, dt$$

この線積分の値はベクトル場 X と曲線 C（始点, 終点付き）に依存するのであるが，C のパラメータ付けの仕方には依存しないことを示せる.

命題 4.8 変数変換 $t = t(r) : [\alpha, \beta] \longrightarrow [a, b]$ が C^1 級の関数で $t(\alpha) = a$, $t(\beta) = b$ であるとする. ここで $\widehat{\phi}(r) = \phi(t(r))$ とするとき

$$\int_a^b \left(X(\phi(t)), \frac{d\phi}{dt} \right) dt = \int_\alpha^\beta \left(X(\widehat{\phi}(r)), \frac{d\widehat{\phi}}{dr} \right) dr$$

証明 変数変換 $t = t(r)$ によって置換積分を行って等式を示せる. ∎

計算例 $\mathbb{R}^2$ のベクトル場 $X = (x_2^2 - x_1^2, 2x_1 x_2)$, 曲線 $C : x_1 = \cos t$, $x_2 = \sin t \; (0 \leqq t \leqq \pi)$ に対して線積分を計算する.

$$\int_C X \cdot d\boldsymbol{\tau}$$

$$= \int_0^\pi \left(\begin{pmatrix} x_2^2 - x_1^2 \\ 2x_1 x_2 \end{pmatrix}, \begin{pmatrix} (\cos t)' \\ (\sin t)' \end{pmatrix} \right)_{|x_1 = \cos t, x_2 = \sin t} dt$$

$$= \int_0^\pi \left(\begin{pmatrix} (\cos t)^2 - (\sin t)^2 \\ 2(\cos t)(\sin t) \end{pmatrix}, \begin{pmatrix} -\sin t \\ \cos t \end{pmatrix} \right) dt$$

$$= \int_0^\pi \sin t \, dt = 2$$

計算例　$\mathbb{R}^2$ の曲線を図形 $C : |x_1| + |x_2| = 1$ を反時計回りに向き付けた閉曲線とする．ベクトル場 $X = (x_1 + x_2 - x_1^2, x_1 x_2 + x_2^2)$ に対して $\int_C X \cdot d\boldsymbol{\tau}$ を計算する．曲線 C を 4 つのパーツに分けて線積分を分割して計算する．

$$C_1 : x_1 = 1 - t, x_2 = t \ (0 \leqq t \leqq 1),$$
$$C_2 : x_1 = -t, \ x_2 = 1 - t \ (0 \leqq t \leqq 1)$$
$$C_3 : x_1 = -1 + t, x_2 = -t \ (0 \leqq t \leqq 1),$$
$$C_4 : x_1 = t, x_2 = -1 + t \ (0 \leqq t \leqq 1)$$

$$\int_C X \cdot d\boldsymbol{\tau} = \sum_{j=1}^4 \int_{C_j} X \cdot d\boldsymbol{\tau}$$

$$\int_{C_j} X \cdot d\boldsymbol{\tau} = \int_0^1 \left\{ (x_1 + x_2 - x_1^2)\phi_1'(t) + (x_1 x_2 + x_2^2)\phi_2'(t) \right\} dt$$

$$(1 \leqq j \leqq 4)$$

各 j について計算を実行して合算することで

$$\int_C X \cdot d\boldsymbol{\tau} = -2$$

を得る．

4.5 グリーンの定理

　本節では2次元領域におけるベクトル場に関する有名な積分公式であるグリーンの定理を述べる．そのためにまず2次元の領域の境界の向きを決める．

定義（**2次元領域の境界の向き**）　D を $\mathbb{R}^2$ における有界集合でその境界は区分的に C^1 級曲線であると仮定する．$C = \partial D$ はいくつかの閉曲線の非交和となるが，それぞれに向きを設定する．各曲線の方向は D の内部を左手側に保ちつつ進む方向とする（図 4.4）．これを正の向きと定める．

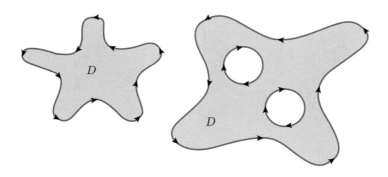

図 4.4　平面領域の境界の向き

定理 4.9（**グリーン**）　$D \subset \mathbb{R}^2$ を C^1 級の境界をもつ有界閉集合であるとする．このとき $\overline{D}$ 上の C^1 級のベクトル場 $X(x_1, x_2) = (X_1(x_1, x_2), X_2(x_1, x_2))$ に対して，次の等式が成立する．

$$\iint_D \left(\frac{\partial X_2}{\partial x_1} - \frac{\partial X_1}{\partial x_2} \right) dx_1 dx_2 = \int_{\partial D} X \cdot d\boldsymbol{\tau}$$

　証明　D の境界 ∂D は有限個の $C_1, C_2, \dots, C_\ell$ からなり，それらの曲線を

$$C_j : \begin{cases} (x_1, x_2) = (\phi_1^{(j)}(t), \phi_2^{(j)}(t)), \ \dfrac{d}{dt}(\phi_1^{(j)}(t), \phi_2^{(j)}(t)) \neq (0, 0) \\[2mm] (a(j) \leqq t \leqq b(j)) \end{cases}$$

としておく．各 C_j の向きの入れ方から，$x \in C_j$ における D の外向き単位法線ベクトルは

$$\nu(x) = \frac{1}{\sqrt{\left(\frac{d\phi_1^{(j)}}{dt}\right)^2 + \left(\frac{d\phi_2^{(j)}}{dt}\right)^2}} \left(\begin{array}{c} \frac{d\phi_2^{(j)}}{dt} \\ -\frac{d\phi_1^{(j)}}{dt} \end{array}\right)$$

で与えられることに注意しておく．ガウス・グリーンの定理により

$$J := \iint_D \left(\frac{\partial X_2}{\partial x_1} - \frac{\partial X_1}{\partial x_2}\right) dx_1\, dx_2$$

$$= \int_{\partial D} (X_2(x)\nu_1(x) - X_1(x)\nu_2(x)) ds$$

$$= \sum_{j=1}^{\ell} \int_{a(j)}^{b(j)} \left(\left(\begin{array}{c} X_1(\phi^{(j)}) \\ X_2(\phi^{(j)}) \end{array}\right), \left(\begin{array}{c} \frac{d\phi_1^{(j)}}{dt} \\ \frac{d\phi_2^{(j)}}{dt} \end{array}\right)\right) \frac{1}{\sqrt{\left(\frac{d\phi_1^{(j)}}{dt}\right)^2 + \left(\frac{d\phi_2^{(j)}}{dt}\right)^2}}\, ds$$

$ds = \sqrt{\left(\frac{d\phi_1^{(j)}}{dt}\right)^2 + \left(\frac{d\phi_2^{(j)}}{dt}\right)^2}\, dt$ であるから，次の結論を得る．

$$J = \sum_{j=1}^{\ell} \int_{a(j)}^{b(j)} \left(X(\phi^{(j)}(t)), \frac{d}{dt}\phi^{(j)}(t)\right) dt = \int_C X \cdot d\boldsymbol{\tau} \quad \blacksquare$$

命題 4.10　平面内の単純閉曲線 $C : x_1 = \phi_1(t), x_2 = \phi_2(t)\ (a \le t \le b)$ について $\phi_1(t), \phi_2(t)$ は C^1 級であり，以下の条件を仮定する．

$$\phi_1(a) = \phi_2(b),\ \phi_2(a) = \phi_2(b),\quad C : 反時計回り$$

このとき C が囲む集合 D の面積は次の積分表示で与えられる．

$$\mu(D) = \frac{1}{2} \int_a^b \left(\phi_1(t)\frac{d\phi_2}{dt} - \phi_2(t)\frac{d\phi_1}{dt}\right) dt$$

証明　$X_1(x) = -\frac{x_2}{2},\ X_2(x) = \frac{x_1}{2}$ とおいてグリーンの定理を適用．　$\blacksquare$

4.6 ストークスの定理

以下に述べる結果はストークスの定理と呼ばれ，ベクトル解析における主役の 1 人といっても良い．それは前節のグリーンの定理を 3 次元空間へ立体化したようなものであり，背景には電磁気学におけるマックスウェル方程式や流体力学の渦や循環などの理論がある．ストークスの定理を述べる準備をしてゆく．

$D \subset \mathbb{R}^3$ における C^1 級のベクトル場

$$X = (X_1, X_2, X_3)$$

に対する**回転** (rotation) を思い出しておこう．

$$\mathrm{rot}\, X = \left(\frac{\partial X_3}{\partial x_2} - \frac{\partial X_2}{\partial x_3}, \frac{\partial X_1}{\partial x_3} - \frac{\partial X_3}{\partial x_1}, \frac{\partial X_2}{\partial x_1} - \frac{\partial X_1}{\partial x_2} \right)$$

$\mathbb{R}^3$ 内の 2 次元曲面の向き　曲面 M としては C^1 級の 2 次元の有界な曲面（境界付き）を考える．そして M には連続な単位法線ベクトル場 ν があると仮定する．すなわち写像

$$\nu : M \longrightarrow \mathbb{R}^3$$

が存在して，各点 $x \in M$ において ν は接平面と直交し，$|\nu(x)| = 1$ となると仮定する．この条件が成立することを M は**向き付け可能**であるという[†]．向き

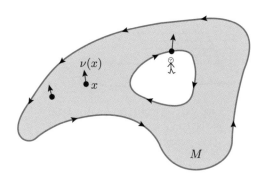

図 4.5　曲面の縁の向き

[†] メビウスの帯はこの条件を満たさない．

付け可能な 2 次元曲面に対して M の曲面としての境界（または縁）はいくつかの閉曲線になるとして，その $C = \partial M$ に次のように向きを付ける．それは ν の方向に頭を上にして直立して M を左手側に保ちつつ C 上を前進する方向を曲線の向きと定める（図 4.5 参照）．

　上の状況で，次の等式が成立する．

定理 4.11（**ストークス**†）　$D \subset \mathbb{R}^3$ を領域とし M を D に含まれる 2 次元の曲面とする．各 $x \in M$ に対して $\nu(x)$ は M の単位法線ベクトルであり x に関して連続であると仮定する．このとき，次の公式が成立する．

$$\iint_M (\mathrm{rot}\, X, \nu) dS = \int_C X \cdot d\boldsymbol{\tau}$$

　証明　特別な場合を証明する．M が $x_1 = \varphi_1(u,v)$, $x_2 = \varphi_2(u,v)$, $x_3 = \varphi_3(u,v)$ によって径数付き曲面の形で表現されているとする．これをベクトル値関数 $x = \varphi(u,v)$ の形で書く．

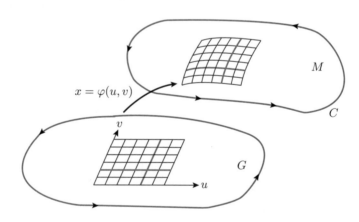

図 4.6　曲面の局所的な座標付け

さらに，2 次元の集合 $G \subset \mathbb{R}^2$ からの全単射

$$\varphi : G \longrightarrow M$$

---

†George Gabriel Stokes 1819-1903：アイルランドの数学者，物理学者．流体力学，光学などの業績でも有名．

が C^1 級の写像としてあり，$\varphi_u \times \varphi_v \neq \mathbf{0}$ であると仮定する．また ∂G が径数付き曲線 C により

$$\partial G = C : (u, v) = \phi(r) = (\phi_1(r), \phi_2(r)), \quad |\phi'(r)| = 1 \quad (\alpha \leqq r \leqq \beta)$$

として C^1 級の径数付き曲線表現をもつ．これによって

$$dS = |\gamma(u, v)| \, du \, dv,$$
$$\nu(x) = \frac{1}{|\gamma(u,v)|} \left(\frac{\partial \varphi}{\partial u} \times \frac{\partial \varphi}{\partial v} \right)$$

但し $\quad \gamma(u, v) = \dfrac{\partial \varphi}{\partial u} \times \dfrac{\partial \varphi}{\partial v} \quad$ である．

これを用いて計算を継続する．

$$(\operatorname{rot} X, \nu(x)) = \frac{1}{|\gamma(u,v)|} \left(\operatorname{rot} X, \left(\frac{\partial \varphi}{\partial u} \times \frac{\partial \varphi}{\partial v} \right) \right)$$

$$\left(\operatorname{rot} X, \left(\frac{\partial \varphi}{\partial u} \times \frac{\partial \varphi}{\partial v} \right) \right)$$

$$= \left(\frac{\partial X_3}{\partial x_2} - \frac{\partial X_2}{\partial x_3} \right) \left(\frac{\partial x_2}{\partial u} \frac{\partial x_3}{\partial v} - \frac{\partial x_3}{\partial u} \frac{\partial x_2}{\partial v} \right)$$

$$+ \left(\frac{\partial X_1}{\partial x_3} - \frac{\partial X_3}{\partial x_1} \right) \left(\frac{\partial x_3}{\partial u} \frac{\partial x_1}{\partial v} - \frac{\partial x_1}{\partial u} \frac{\partial x_3}{\partial v} \right)$$

$$+ \left(\frac{\partial X_2}{\partial x_1} - \frac{\partial X_1}{\partial x_2} \right) \left(\frac{\partial x_1}{\partial u} \frac{\partial x_2}{\partial v} - \frac{\partial x_2}{\partial u} \frac{\partial x_1}{\partial v} \right)$$

$$= \left(\frac{\partial X_3}{\partial x_2} \frac{\partial x_2}{\partial u} \frac{\partial x_3}{\partial v} + \frac{\partial X_3}{\partial x_1} \frac{\partial x_1}{\partial u} \frac{\partial x_3}{\partial v} + \frac{\partial X_3}{\partial x_3} \frac{\partial x_3}{\partial u} \frac{\partial x_3}{\partial v} \right.$$

$$\left. - \frac{\partial X_3}{\partial x_2} \frac{\partial x_2}{\partial v} \frac{\partial x_3}{\partial u} - \frac{\partial X_3}{\partial x_1} \frac{\partial x_1}{\partial v} \frac{\partial x_3}{\partial u} - \frac{\partial X_3}{\partial x_3} \frac{\partial x_3}{\partial v} \frac{\partial x_3}{\partial u} \right)$$

$$+ \left(\frac{\partial X_2}{\partial x_1} \frac{\partial x_1}{\partial u} \frac{\partial x_2}{\partial v} + \frac{\partial X_2}{\partial x_3} \frac{\partial x_3}{\partial u} \frac{\partial x_2}{\partial v} + \frac{\partial X_2}{\partial x_2} \frac{\partial x_2}{\partial u} \frac{\partial x_2}{\partial v} \right.$$

$$\left. - \frac{\partial X_2}{\partial x_1} \frac{\partial x_1}{\partial v} \frac{\partial x_2}{\partial u} - \frac{\partial X_2}{\partial x_3} \frac{\partial x_2}{\partial u} \frac{\partial x_3}{\partial v} - \frac{\partial X_2}{\partial x_2} \frac{\partial x_2}{\partial v} \frac{\partial x_2}{\partial u} \right)$$

$$
+ \left(\frac{\partial X_1}{\partial x_3} \frac{\partial x_3}{\partial u} \frac{\partial x_1}{\partial v} + \frac{\partial X_1}{\partial x_2} \frac{\partial x_2}{\partial u} \frac{\partial x_1}{\partial v} + \frac{\partial X_1}{\partial x_1} \frac{\partial x_1}{\partial u} \frac{\partial x_1}{\partial v} \right.
$$

$$
\left. - \frac{\partial X_1}{\partial x_3} \frac{\partial x_3}{\partial v} \frac{\partial x_1}{\partial u} - \frac{\partial X_1}{\partial x_2} \frac{\partial x_2}{\partial v} \frac{\partial x_1}{\partial u} - \frac{\partial X_1}{\partial x_1} \frac{\partial x_1}{\partial v} \frac{\partial x_1}{\partial u} \right)
$$

$$
= \left(\frac{\partial X_3}{\partial x_2} \frac{\partial x_2}{\partial u} + \frac{\partial X_3}{\partial x_1} \frac{\partial x_1}{\partial u} + \frac{\partial X_3}{\partial x_3} \frac{\partial x_3}{\partial u} \right) \frac{\partial x_3}{\partial v}
$$

$$
- \left(\frac{\partial X_3}{\partial x_2} \frac{\partial x_2}{\partial v} + \frac{\partial X_3}{\partial x_1} \frac{\partial x_1}{\partial v} + \frac{\partial X_3}{\partial x_3} \frac{\partial x_3}{\partial v} \right) \frac{\partial x_3}{\partial u}
$$

$$
+ \left(\frac{\partial X_2}{\partial x_1} \frac{\partial x_1}{\partial u} + \frac{\partial X_2}{\partial x_3} \frac{\partial x_3}{\partial u} + \frac{\partial X_2}{\partial x_2} \frac{\partial x_2}{\partial u} \right) \frac{\partial x_2}{\partial v}
$$

$$
- \left(\frac{\partial X_2}{\partial x_1} \frac{\partial x_1}{\partial v} + \frac{\partial X_2}{\partial x_3} \frac{\partial x_3}{\partial v} + \frac{\partial X_2}{\partial x_2} \frac{\partial x_2}{\partial v} \right) \frac{\partial x_2}{\partial u}
$$

$$
+ \left(\frac{\partial X_1}{\partial x_3} \frac{\partial x_3}{\partial u} + \frac{\partial X_1}{\partial x_2} \frac{\partial x_2}{\partial u} + \frac{\partial X_1}{\partial x_1} \frac{\partial x_1}{\partial u} \right) \frac{\partial x_1}{\partial v}
$$

$$
- \left(\frac{\partial X_1}{\partial x_3} \frac{\partial x_3}{\partial v} + \frac{\partial X_1}{\partial x_2} \frac{\partial x_2}{\partial v} + \frac{\partial X_1}{\partial x_1} \frac{\partial x_1}{\partial v} \right) \frac{\partial x_1}{\partial u}
$$

$$
= \sum_{i=1}^{3} \left(\frac{\partial X_i}{\partial u} \frac{\partial x_i}{\partial v} - \frac{\partial X_i}{\partial v} \frac{\partial x_i}{\partial u} \right) \quad (= \sigma(u,v))
$$

上式の最右辺を $\sigma(u,v)$ とし，面積要素の変換式

$$
dS = |\gamma(u,v)|\, du\, dv
$$

を用いると

$$
J := \iint_M (\mathrm{rot}\, X, \nu) dS = \iint_G \sigma(u,v)\, du\, dv
$$

となり，2 次元集合 G 上の積分となった．これをガウス・グリーンの定理を用いて変形する．$G \subset \mathbb{R}^2$ の境界における外向き単位法線ベクトルを $\tilde{\nu} = (\tilde{\nu}_u, \tilde{\nu}_v)$ としておく．

$$
J = \sum_{i=1}^{3} \left(\int_{\partial G} X_i \left(\tilde{\nu}_u \frac{\partial x_i}{\partial v} - \tilde{\nu}_v \frac{\partial x_i}{\partial u} \right) ds - \iint_G X_i \left(\frac{\partial^2 x_i}{\partial u \partial v} - \frac{\partial^2 x_i}{\partial v \partial u} \right) du\, dv \right)
$$

$$= \sum_{i=1}^{3} \int_{\partial G} X_i \left(\widetilde{\nu}_u \frac{\partial x_i}{\partial v} - \widetilde{\nu}_v \frac{\partial x_i}{\partial u} \right) ds$$

この式を変形するため

$$\phi_1'(r) = -\widetilde{\nu}_v, \quad \phi_2'(r) = \widetilde{\nu}_u$$

を利用する.

$$\frac{d}{dr}(\varphi_i(\phi(r))) = \frac{\partial \varphi_i}{\partial u}(\phi(r))\phi_1'(r) + \frac{\partial \varphi_i}{\partial v}(\phi(r))\phi_2'(r)$$

$$= \widetilde{\nu}_u \frac{\partial x_i}{\partial v} - \widetilde{\nu}_v \frac{\partial x_i}{\partial u}$$

$(i = 1, 2, 3)$. これを代入して次の結論となる.

$$J = \int_\alpha^\beta \left(\begin{pmatrix} X_1 \\ X_2 \\ X_3 \end{pmatrix}, \begin{pmatrix} \frac{d}{dr}(\varphi_1(\phi(r))) \\ \frac{d}{dr}(\varphi_2(\phi(r))) \\ \frac{d}{dr}(\varphi_3(\phi(r))) \end{pmatrix} \right) dr$$

$$= \int_{\partial M} X \cdot d\boldsymbol{\tau} \quad \blacksquare$$

4.7 スカラーおよびベクトルポテンシャル

本節ではベクトル場の計算で頻繁に利用される事実を紹介する.

命題 4.12 $D \subset \mathbb{R}^n$ を凸領域とする. $\chi_1, \chi_2, \ldots, \chi_n$ は D 上の C^1 級関数で次の条件を満たすと仮定する

$$\frac{\partial \chi_i}{\partial x_j} = \frac{\partial \chi_j}{\partial x_i} \quad (x \in D, 1 \le i < j \le n)$$

このとき, D 上 C^2 級である Φ が存在して, 次が成立する.

$$\frac{\partial \Phi}{\partial x_i} = \chi_i \quad (x \in D, \, i = 1, 2, \ldots, n)$$

上の命題において, ベクトル場 $\chi = (\chi_1, \ldots, \chi_n)$ に対する (スカラー関数) Φ を**スカラーポテンシャル**という. Φ に対して定数を加えても同じ条件を満たすことも覚えておこう.

注意 この命題の主張は, 領域が凸集合でなくても, 一般の単連結な領域でも正しいことが知られている (単連結の定義は数学辞典を参照のこと).

証明 まず D が n 次元直方体 $D = [a_1, b_1] \times [a_2, b_2] \times \cdots \times [a_n, b_n]$ の場合に定理を示す. $s = (s_1, \ldots, s_n) \in D$ を任意に取って固定し

$$
\begin{aligned}
&\Phi(x_1, x_2, \ldots, x_n) \\
&= \int_{s_1}^{x_1} \chi_1(t, s_2, \ldots, s_n) dt + \int_{s_2}^{x_2} \chi_2(x_1, t, s_3, \ldots, s_n) dt \\
&\quad + \int_{s_3}^{x_3} \chi_3(x_1, x_2, t, s_4, \ldots, s_n) dt + \cdots \\
&\quad + \int_{s_{n-1}}^{x_{n-1}} \chi_{n-1}(x_1, \ldots, x_{n-2}, t, s_n) dt \\
&\quad + \int_{s_n}^{x_n} \chi_n(x_1, \ldots, x_{n-1}, t) dt
\end{aligned}
$$

と定める. $1 \le j \le n$ に対して $\frac{\partial \Phi}{\partial x_j} = \chi_j$ を示す.

$$\frac{\partial \Phi}{\partial x_j} = \chi_j(x_1, \ldots, x_j, s_{j+1}, \ldots, s_n)$$

$$+ \int_{s_{j+1}}^{x_{j+1}} \frac{\partial \chi_{j+1}}{\partial x_j}(x_1, \ldots, x_j, t, s_{j+2}, \ldots, s_n) dt$$

$$+ \cdots + \int_{s_n}^{x_n} \frac{\partial \chi_n}{\partial x_j}(x_1, \ldots, x_{n-1}, s_n) dt$$

$$= \chi_j(x_1, \ldots, x_j, s_{j+1}, \ldots, s_n)$$

$$+ \int_{s_{j+1}}^{x_{j+1}} \frac{\partial \chi_j}{\partial x_{j+1}}(x_1, \ldots, x_j, t, s_{j+2}, \ldots, s_n) dt$$

$$+ \cdots + \int_{s_n}^{x_n} \frac{\partial \chi_j}{\partial x_n}(x_1, \ldots, x_{n-1}, s_n) dt$$

$$= \chi_j(x_1, \ldots, x_j, s_{j+1}, \ldots, s_n)$$

$$+ [\chi_j(x_1, \ldots, x_j, t, s_{j+2}, \ldots, s_n)]_{t=s_{j+1}}^{t=x_{j+1}}$$

$$+ \cdots + [\chi_j(x_1, \ldots, x_{n-1}, s_n)]_{t=s_n}^{t=x_n}$$

$$= \chi_j(x_1, \ldots, x_j, s_{j+1}, \ldots, s_n)$$

$$+ (\chi_j(x_1, \ldots, x_j, x_{j+1}, s_{j+2}, \ldots, s_n)$$

$$- \chi_j(x_1, \ldots, x_j, s_{j+1}, s_{j+2}, \ldots, s_n))$$

$$+ \cdots + (\chi_j(x_1, \ldots, x_{n-1}, x_n) - \chi_j(x_1, \ldots, x_{n-1}, s_n))$$

$$= \chi_j(x_1, \ldots, x_{n-1}, x_n)$$

　一般の凸領域の場合は，内部に直方体を取って Φ を構成する．次にその集合の境界点を s としてそれを頂点とする新たな直方体を D 内において加えて同じ議論を行って Φ を拡張する．その操作を D を尽くすまで継続して Φ を D 全体に拡張してゆく．■

注意　上の命題における Φ を線積分によって構成する．D 内に起点として z を取り固定し，これを始点として，任意の $x \in D$ を終点とする C^1 級曲線

$$C_x : \phi = \phi(t) \ (0 \le t \le 1), \quad \phi(0) = z, \ \phi(1) = x$$

を作る．ベクトル場 $X = (\chi_1(x), \chi_2(x), \ldots, \chi_n(x))$ を用いて，線積分

$$\Phi(x) = \int_{C_x} X \cdot d\boldsymbol{\tau}$$

を定めるやり方も知られている．

問 4.2　上の注意として特に曲線 $\phi(t) = z + t(x - z) \ (0 \le t \le 1)$ を採用したときに命題 4.12 の結論を得ることを示せ．

▍**命題 4.13**（ベクトルポテンシャル）　$D \subset \mathbb{R}^3$ を凸領域とする．$X = (X_1, X_2, X_3)$ は D 上の C^1 級のベクトル場で $\mathrm{div}\, X = 0 \ (x \in D)$ を満たすと仮定する．このとき，D 上である C^2 級のベクトル場 A があって $\mathrm{rot}\, A = X$ となる．

　　証明　条件式 $\mathrm{rot}\, A = X$ は成分表示して

$$\frac{\partial A_3}{\partial x_2} - \frac{\partial A_2}{\partial x_3} = X_1, \quad \frac{\partial A_1}{\partial x_3} - \frac{\partial A_3}{\partial x_1} = X_2, \quad \frac{\partial A_2}{\partial x_1} - \frac{\partial A_1}{\partial x_2} = X_3$$

となる．この条件を満たすように $A = (A_1, A_2, A_3)$ を構成する．D に含まれる矩形集合 $K = [a_1, b_1] \times [a_2, b_2] \times [a_3, b_3]$ でまず考える．起点となる $s = (s_1, s_2, s_3) \in K$ を取る．任意の $x = (x_1, x_2, x_3) \in K$ に対して

$$A_1(x_1, x_2, x_3) = 0,$$

$$A_2(x_1, x_2, x_3) = c_2 + \int_{s_1}^{x_1} X_3(t, x_2, x_3)dt - \int_{s_3}^{x_3} X_1(s_1, x_2, t)dt,$$

$$A_3(x_1, x_2, x_3) = c_3 - \int_{s_1}^{x_1} X_2(t, x_2, x_3)dt$$

と定める．c_2, c_3 は任意の定数であり，$c_2 = c_3 = 0$ でも良い．X_1, X_2, X_3 が C^1 級関数であるから

$$\frac{\partial A_3}{\partial x_2} - \frac{\partial A_2}{\partial x_3}$$

$$= -\int_{s_1}^{x_1} \frac{\partial X_2}{\partial x_2}(t, x_2, x_3)dt - \int_{s_1}^{x_1} \frac{\partial X_3}{\partial x_3}(t, x_2, x_3)dt + X_1(s_1, x_2, x_3)$$

$$= \int_{s_1}^{x_1} \frac{\partial X_1}{\partial x_1}(t, x_2, x_3)dt + X_1(s_1, x_2, x_3) = X_1(x_1, x_2, x_3),$$

$$\frac{\partial A_1}{\partial x_3} - \frac{\partial A_3}{\partial x_1} = 0 + X_2(x_1, x_2, x_3) = X_2(x_1, x_2, x_3),$$

$$\frac{\partial A_2}{\partial x_1} - \frac{\partial A_1}{\partial x_2} = X_3(x_1, x_2, x_3) - 0 = X_3(x_1, x_2, x_3)$$

これによって K で A が定義された. K で $A_1 \equiv 0$ であることに注意しよう.

次に K の境界に起点 $\widetilde{s} = (\widetilde{s}_1, \widetilde{s}_2, \widetilde{s}_3)$ を取り, この点を内部にもち D に含まれる新たな矩形集合 $\widetilde{K}$ を取る. 上と同様に $x = (x_1, x_2, x_3) \in \widetilde{K}$ を取り

$$\widetilde{A}_1(x_1, x_2, x_3) = 0,$$

$$\widetilde{A}_2(x_1, x_2, x_3) = A_2(\widetilde{s}) + \int_{\widetilde{s}_1}^{x_1} X_3(t, x_2, x_3)dt - \int_{\widetilde{s}_3}^{x_3} X_1(\widetilde{s}_1, x_2, t)dt,$$

$$\widetilde{A}_3(x_1, x_2, x_3) = A_3(\widetilde{s}) - \int_{\widetilde{s}_1}^{x_1} X_2(t, x_2, x_3)dt$$

と定める. $K \cap \widetilde{K}$ ではこの $\widetilde{A}$ は元の A に一致している. すなわち $\widetilde{A}$ は A を拡張している. この操作を繰り返して矩形集合を次々と加える作業をして A を拡張していく. そして D を尽くすまで（無限回）継続して結論を得る. ∎

上の命題におけるベクトル場 X に対する A を**ベクトルポテンシャル**という. D 上の任意の C^2 級のスカラー関数 η を取って $A + \nabla\eta$ も同じ条件を満たすことに注意せよ. 一般の領域の場合, 上の命題は必ずしも正しくない. 実際, たとえば $0 < R_1 < R_2$ として, 球殻領域

$$D = \{x \in \mathbb{R}^3 \mid R_1 \leqq |x| \leqq R_2\}$$

において $\chi(x) = \left(\frac{x_1}{|x|^3}, \frac{x_2}{|x|^3}, \frac{x_3}{|x|^3}\right)$ とすると $\mathrm{div}\,\chi(x) = 0 \ (x \in D)$ であるが $\mathrm{rot}\,A = \chi \ (x \in D)$ となる C^1 級のベクトル場 A は存在しない.

問 4.3 上の事実（A の非存在）を示せ.（ヒント：背理法. 両辺と χ との内積を取り D での積分を考えよ）.

4.8　ベクトル場の発散 div の幾何的意味

領域 $D \subset \mathbb{R}^n$ における時間変数 t に依存するベクトル場

$$X(t,x) = (X_1(t,x), X_2(t,x), \ldots, X_n(t,x))$$

が作る流れ $u = u(t,x)$ $(x \in D, t \in \mathbb{R})$ を考える．$u(t,x)$ は t を時間変数とみて x を起点とする軌道である．正確にはベクトル場に対し常微分方程式の初期値問題の解として規定される．領域が流れによってその測度を変化させていく様を追跡したい．$u(t,x)$ は次の方程式を満たす．

$$\frac{du}{dt} = X(t, u(t)), \quad u(t_0) = x$$

これを積分形に直すと

$$u(t,x) = x + \int_{t_0}^t X(s, u(s,x))ds$$

となる．常微分方程式の理論により X に適当な滑らかさの仮定をすれば局所解（存在範囲 $|t - t_0| < \delta$）が存在する（文献 溝畑 [5]）．この方程式により $u(t,x) = x + (t - t_0)X(t_0, x) + o(|t - t_0|)$ の挙動を得る．より詳細な挙動をみるため，時刻 t_0 において x にいる点に対し，時間 t における点の位置 $u(t,x)$ へ対応させる写像のヤコビアンを調べる．ヤコビ行列 $J(t,x)$ の (i,j) 成分 $J_{ij}(t,x)$ は

$$J_{ij}(t,x) = \frac{\partial u_i(t,x)}{\partial x_j} \quad (1 \leqq i, j \leqq n)$$

となる．ここで積分方程式の両辺の偏微分を計算してヤコビ行列の表現式を得る（合成関数の微分公式使用）．ここで X の x 微分に関するヤコビ行列を用いる．

$$J_X(x) = \begin{pmatrix} \frac{\partial X_1}{\partial x_1}(x) & \cdots & \frac{\partial X_1}{\partial x_n}(x) \\ \vdots & \ddots & \vdots \\ \frac{\partial X_n}{\partial x_1}(x) & \cdots & \frac{\partial X_n}{\partial x_n}(x) \end{pmatrix}$$

である．これによって

$$J(t,x) = I + \int_{t_0}^{t} J_X(u(s,x))J(s,x)ds$$

を得る．一方，テイラーの定理より $J_X(u(s,x)) = J_X(x) + O(|s - t_0|)$ によ
り，ある定数 $\delta > 0$ が存在して

$$J(t,x) = I + (t - t_0) J_X(x) + O(|t - t_0|^2) \quad (-\delta \leqq t - t_0 \leqq \delta)$$

となり，これより

$$\det J(t,x) = 1 + (t - t_0) \operatorname{div} X(t_0, x) + O((t - t_0)^2) \quad (-\delta \leqq t - t_0 \leqq \delta)$$

を得る（問題 4.6 参照）．これにより変換 $x \to u(t,x)$ による（局所的な）n 次
元のジョルダン測度の変化がわかる．ベクトル場が作る流れの下で測度の拡大
あるいは縮小が $\operatorname{div} X$ の符号からわかる．

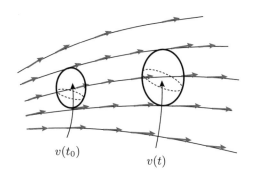

$u(t,x) : t$ に依存するベクトル場

$v(t_0)$

$v(t)$

図 4.7　流れによる集合 $v(t)$ の拡大，伸縮具合

演 習 問 題

4.1 $\mathbb{R}^2$ の曲線 $C : x_1 = \cos(3t),\, x_2 = \sin t\ (0 \leqq t \leqq 2\pi)$, ベクトル場 $X = (x_2^2 - x_1, x_1^2 + x_2)$ に対して $\int_C X \cdot d\boldsymbol{\tau}$ を計算せよ.

4.2 $D \subset \mathbb{R}^3$ は有界な領域で境界 ∂D は C^1 級であるとする. 任意の X を $\overline{D}$ 上の C^1 級ベクトル場, φ を C^2 級関数とする. このとき, 次の等式を示せ.

$$\int_{\partial D} (X \times \nabla\varphi, \nu)\, dS = \int_D (\nabla\varphi, \operatorname{rot} X)\, dx$$

4.3 C を $\mathbb{R}^n$ 内の C^1 級の単純閉曲線とする. $\varPhi$ を $\mathbb{R}^n$ の C^1 級関数として勾配ベクトル場 $X = \nabla\varPhi$ を与えたとき, 次の公式を示せ.

$$\int_C X \cdot d\boldsymbol{\tau} = 0$$

4.4 定理 4.11 の状況において, 次の等式を示せ.

$$\iint_M \zeta\, (\nu, \operatorname{rot} X) dS = \int_C \zeta\, X \cdot d\boldsymbol{\tau} - \iint_M ((\nabla\zeta \times X), \nu) dS$$

但し $\zeta(x)$ は D 上の C^1 級関数である.

4.5 $D \subset \mathbb{R}^3$ を C^1 級の有界領域, $X : \overline{D} \longrightarrow \mathbb{R}^3$ を C^2 級のベクトル値関数とする. このとき, 次の等式を示せ.

$$\iint_{\partial D} (\operatorname{rot} X, \nu) dS = 0$$

注意　4.6 節のストークスの定理の特別なケースとみなせる.

4.6 I は n 次単位行列, $U(s)$ は s に関して微分可能な n 次正方行列であって $U(0) = I$ とする. このとき, 次の公式を示せ.

$$\frac{d}{ds} (\det U(s))_{|s=0} = \operatorname{Tr}\left(\frac{dU}{ds}(0)\right)$$

但し, 正方行列 W のトレース $\operatorname{Tr}(W)$ とは W の対角成分の和である.

4.7 $\mathbb{R}^2$ における C^2 級関数 φ に対して $\operatorname{supp}(\varphi)$ は有界であると仮定する. このとき, 次の等式が成立することを示せ.

$$\iint_{\mathbb{R}^2} \left(\log \frac{1}{|x - y|}\right) \Delta\varphi(y)\, dy = -2\pi\varphi(x) \quad (x \in \mathbb{R}^2)$$

4.8　$D \subset \mathbb{R}^n$ を C^2 級の領域であるとする．$u \in C^2(\overline{D})$ が

$$\Delta u = 0 \quad (x \in D),$$
$$u(x) = 0 \quad (x \in \partial D)$$

を満たすとするとき $u(x) = 0$ $(x \in D)$ となることを示せ．

4.9　$\mathbb{R}^3$ の領域における C^2 級のベクトル場 $X = (X_1, X_2, X_3)$ に対して，次の等式を示せ．

$$\mathrm{div}\,(\mathrm{rot}\,X) = 0,$$
$$\mathrm{rot}\,\mathrm{rot}\,X = \nabla(\mathrm{div}\,X) - \Delta X$$

但し $\Delta X = (\Delta X_1, \Delta X_2, \Delta X_3)$ である．

第 5 章

応 用 編

本章では前章までに得られた多変数の微分積分学およびベクトル解析の公式を応用して，いくつかの物理現象のモデル方程式を考察する．

5.1 アルキメデスの原理

本節では有名な物理の法則であるアルキメデス[†]の原理を考える．図のように水をたくさん蓄えたプールがあるとする（図 5.1）．この系には鉛直下向きの一様な重力がかかり，水面には大気圧が作用していると仮定する．物体を水中に置いたときに働く浮力を考察する．まず問題を定式化する．

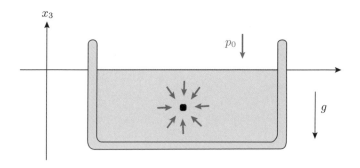

図 5.1　水圧–水中の各点で等方的な力が発生

[†]Archimedes 287?-212B.C.：古代ギリシアの数学者，物理学者，天文学者，発明家．同時代において特に傑出していた科学者．

【設定】 重力加速度を $g = (0, 0, -g)$, 水の密度を $\rho > 0$, 大気圧を p_0 と仮定する.

まず, 水中の地点 $x = (x_1, x_2, x_3)$ $(x_3 < 0)$ における水圧 $p(x)$ を考察する. 水平方向の一様性により p は鉛直方向の座標 x_3 のみの関数となる. よって, $p = p(x_3)$ と記述する. まず水中の $x = (x_1, x_2, x_3)$ の地点に一辺 2ε の立方体を仮想的に考える (立方体の重心が x に一致している). 但し, この立方体は同質の水なので静止していると考える (比重が同じなので). この水立方体に作用する力の釣り合いを考える. $x_1 x_2$ 方向に関しては対称性により自明に釣り合っているので, 鉛直方向の x_3 成分のみを考える. 力の鉛直成分は立方体の上面と下面からの圧力と重力であるから,

$$(2\varepsilon)^3 \rho\, g + p(x_3 + \varepsilon)\, (2\varepsilon)^2 = p(x_3 - \varepsilon)\, (2\varepsilon)^2$$

両辺を $(2\varepsilon)^3$ で割って

$$\frac{p(x_3 + \varepsilon) - p(x_3 - \varepsilon)}{2\varepsilon} = -\rho\, g$$

となるが $\varepsilon \to 0$ として

$$\frac{d}{dx_3} p(x_3) = -\rho\, g$$

となるが $p(0) = p_0$ となるから, この微分方程式を解いて

$$p(x_3) = p_0 - \rho\, g\, x_3 \quad (x_3 \leqq 0)$$

を得る. これが水中での水圧の式である.

水中の物体への浮力の作用　密度 $\sigma > 0$ の物体 D を水中に置いたとき, その物体は沈むだろうか, あるいは浮上するだろうか. 素朴な答えは, 水より重ければ沈降し, 軽ければ浮上する (もちろん比重の意味での比較) ということになるが, この考えをもう少し精密に追求してみよう. 物体に作用する力は重力および水から受ける水圧であるので, この2つを比較する. 物体 D が占める集合も D と記述し, その境界 ∂D は滑らかであるとし, 境界点 x における外向き単位法線ベクトルを $\nu(x)$ と書く. まず物体にかかる重力は下向きに $\mathrm{Vol}(D)\,\sigma\, g$ となる. 次に水が物体全体に与える力 F を見る. 物体表面 $x = (x_1, x_2, x_3) \in \partial D$ において面の内向き法線方向 $-\nu$ に単位面積あたり $p(x)$ の力を受ける (水中で

の応力テンソルは $p(x)\delta(i,j)$ より）．よって，その力のベクトルを ∂D 全体で面積積分して次を得る（図 5.2）．$\delta(i,j)$ はクロネッカーのデルタ記号である．

$$F = \iint_{\partial D} p(x_3)(-\nu(x))dS = -\iint_{\partial D} p(x_3)\nu(x)dS$$

右辺はベクトル値の積分なので成分ごとに式変形する．$j = 1, 2, 3$ に対して，ガウス・グリーンの定理および $p(x_3) = p_0 - \rho\, g\, x_3$ を用いて

$$\iint_{\partial D} p(x_3)\nu_j(x)dS = \iiint_D \frac{\partial p(x_3)}{\partial x_j}dx = \iiint_D (-\rho\, g)\,\delta(j,3)\,dx,$$

$$F_1 = 0, \quad F_2 = 0, \quad F_3 = \rho\,\mathrm{Vol}(D)\,g > 0$$

となり，物体周囲の水から受ける力が鉛直上向きの力 F_3 となり，その大きさが計算された．F を見ると物体が存在することで排除した水の重量がそのまま浮力となっていることがわかる．これが**アルキメデスの浮力の原理**である．物体への重力が鉛直下向きに $\sigma\,\mathrm{Vol}(D)\,g$ なので ρ と σ の大小関係が物体の浮き沈みを決める．

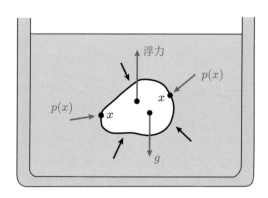

図 5.2　物体に働く重力と浮力

5.2 流体におけるオイラー方程式

水や空気などの流れの現象を扱う科学分野を流体力学という．それらの流れ状態の時間発展を規定するモデル方程式が得られている．ここでは非圧縮で粘性のない流れに関するモデル方程式を考える．$\Omega \subset \mathbb{R}^3$ を領域として Ω を満たす流体があり，その流れの速度を表すベクトル場を $u = u(t, x)$，流体内での圧力のスカラー場を $p = p(t, x)$ とする．それぞれは時間 t，地点 x の関数となる．圧力は断面の単位面積あたりの力であり，流体内で断面の方向によらず，場所と時間にのみ依存すると仮定されているため，スカラー量としてよい．また外部からの力（単位質量あたり）を f としておく（たとえば重力などを想定）．さて水中の微小領域 $V = V(t)$ を考える．この $V(t)$ は流体の流れに乗って時間の経過とともに運ばれているとする．この $V(t)$ 内の代表点 $x(t)$ を取っておく，すなわち $u(t, x(t)) = \frac{dx(t)}{dt}$ となっているとする．運動の過程で

ニュートンの運動の法則：“物体の運動量の時間変化率 = 外部から働く力”

を仮定して微小領域 $V(t)$ に適用する（図 5.3）．

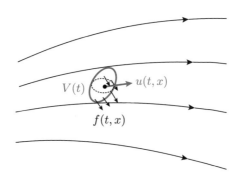

図 5.3 流体粒子と運動の法則

$$\frac{\partial}{\partial t} \left(\rho \operatorname{Vol}(V(t)) u(t, x(t)) \right)$$

$$= \iint_{\partial V(t)} (-\nu(\xi)) p(t, \xi) dS + \iiint_{V(t)} \rho f(t, x) dx$$

ここで $\rho > 0$ を流体の密度，$\nu(\xi)$ は $\partial V(t)$ の外向き単位法線ベクトルを表す.

また，ガウス・グリーンの公式により

$$\iint_{\partial V(t)} (-\nu(\xi)) p(t,\xi) dS_\xi = \iiint_{V(t)} (-\nabla p(t,x)) dx$$

であり，非圧縮性により $\mathrm{Vol}(V(t))$ は時間 t に依存しないことに注意すれば，上の等式は

$$\rho \, \mathrm{Vol}(V(t)) \left(\frac{\partial u}{\partial t} + \left(\frac{dx}{dt}, \nabla u(t, x(t)) \right) \right)$$

$$= \iiint_{V(t)} (-\nabla p(t,x)) dx + \iiint_{V(t)} \rho \, f(t,x) dx$$

となる. $\frac{dx(t)}{dt} = u(t, x(t))$ に考慮して $\mathrm{Vol}(V(t))$ で割れば

$$\rho \left(\frac{\partial u}{\partial t} + (u(t,x(t)) \cdot \nabla) u(t, x(t)) \right)$$

$$= \frac{1}{\mathrm{Vol}(V(t))} \iiint_{V(t)} (-\nabla p(t,x)) dx + \frac{1}{\mathrm{Vol}(V(t))} \iiint_{V(t)} \rho \, f(t,x) dx$$

を得る. $V(t)$ の取り方を無限小に小さい領域として極限を取ることで以下の方程式を得る.

$$\rho \frac{\partial u}{\partial t} + \rho \, (u \cdot \nabla) u = \rho \, f - \nabla p \quad (t > 0, x \in \Omega)$$

これは**オイラー†方程式**と呼ばれる. この方程式において微分作用素

$$u \cdot \nabla = u_1 \frac{\partial}{\partial x_1} + u_2 \frac{\partial}{\partial x_2} + u_3 \frac{\partial}{\partial x_3}$$

を用いた. 非圧縮性条件については $\mathrm{Vol}(V(t))$ は時間 t に依存しない一定値であるから，第 4 章で見たように

$$\mathrm{div} \, u(t,x) = 0 \quad (t > 0, x \in \Omega)$$

が成立する. また，境界において流体が出入りしない状況においてはスリップ

---

†Leonhard Euler 1707-1783：スイスの数学者，物理学者.

条件といわれる境界条件

$$(u(t,x), \nu(x)) = 0 \quad (t > 0, x \in \partial\Omega)$$

を課す. 得られたモデル方程式をベクトルの成分を用いて表現すれば

$$\rho \frac{\partial}{\partial t} \begin{pmatrix} u_1 \\ u_2 \\ u_3 \end{pmatrix} + \rho \left(\sum_{j=1}^{3} u_j \frac{\partial}{\partial x_j} \right) \begin{pmatrix} u_1 \\ u_2 \\ u_3 \end{pmatrix} = \rho \begin{pmatrix} f_1 \\ f_2 \\ f_3 \end{pmatrix} - \begin{pmatrix} \frac{\partial p}{\partial x_1} \\ \frac{\partial p}{\partial x_2} \\ \frac{\partial p}{\partial x_3} \end{pmatrix},$$

$$\frac{\partial u_1}{\partial x_1} + \frac{\partial u_2}{\partial x_2} + \frac{\partial u_3}{\partial x_3} = 0$$

$(t > 0, x \in \Omega)$ となる.

オイラー方程式を用いて流体力学で有名な定理を導いてみる.

【条件】 外力 f が**保存力**であるとする. すなわち, スカラー関数 Q があって $-\nabla Q = f$ となるとする (この Q をスカラーポテンシャルということもある).

5.1 節では重力場は鉛直下向きで一様であると仮定していたが, そのケースは明らかに保存力である. なぜならば一様ベクトル場 $(0, 0, -g)$ に対してポテンシャル $Q(x_1, x_2, x_3) = g x_3$ を取れば良いからである.

ここでベルヌーイの定理を述べよう.

命題 5.1 (ベルヌーイ[†]) ベクトル場 f は保存力であるとする. すなわち $-\nabla Q(x) = f(x)$ とする. また

$$R[u, p, Q] := \frac{1}{2}\rho|u|^2 + p + \rho Q$$

とおく. このとき, オイラー方程式の任意の定常解 (v, p) について,

$$(v, \nabla R[v(x), p(x), Q(x)]) = 0$$

が成立する. すなわち, ある地点から速度場 v に沿う軌跡として得られる流線

[†]Daniel Bernoulli 1700-1782: スイスの数学者, 物理学者. 多くの数学者を出したベルヌーイの家系は有名.

$x(t)$ $(\alpha < t < \beta)$ 上で関数 R は一定である.

証明 オイラー方程式を用いて直接計算を実行する.

$$
(v, \nabla R[v, p, Q]) = \sum_{k=1}^{3} v_k \left(\sum_{j=1}^{3} \rho v_j \frac{\partial v_j}{\partial x_k} + \frac{\partial p}{\partial x_k} + \rho \frac{\partial Q}{\partial x_k} \right)
$$

$$
= \sum_{j=1}^{3} \rho v_j \sum_{k=1}^{3} v_k \frac{\partial v_j}{\partial x_k} + \sum_{j=1}^{3} v_j \left(\frac{\partial p}{\partial x_j} + \rho \frac{\partial Q}{\partial x_j} \right)
$$

$$
= \sum_{j=1}^{3} v_j \left(\rho \sum_{k=1}^{3} v_k \frac{\partial v_j}{\partial x_k} + \frac{\partial p}{\partial x_j} - \rho f_j \right) = 0
$$

最後の等式はオイラー方程式より従う. 以上は定理の主張に一致する.

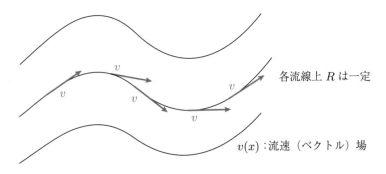

各流線上 R は一定

$v(x)$：流速（ベクトル）場

図 5.4 流速場と流線

トリチェリ[†] の法則 次に流体力学の古い法則であるトリチェリの法則を述べる. タンクに大量の水が蓄えられていると仮定する. タンクの底に穴を開けて水を流出させる. このときの流速には一定の法則が成立する. 図 5.5 のように非常に大きなタンクに水が貯蔵され水深 H の状態であると仮定する. このとき，タンクの底に小さな穴を開けると水が噴出するが，流れが定常的になったときに噴出する水の流速 V はおよそ以下で与えられる.

$$
V = \sqrt{2gH}
$$

[†]Evangelista Torricelli 1608-1647：イタリアの数学者，物理学者.

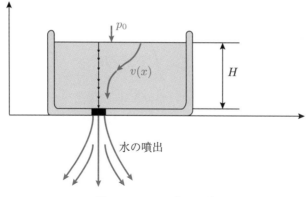

図 5.5　タンク内の流線

これは**トリチェリの法則**と呼ばれるものである．この式の右辺を見て気がつく顕著な点は，重力加速度 g と H だけで与えられ，タンクの形状の要素を含んでないことである．また，質点を高さ H から静かに落として自由落下させたとき H だけ落下したときの速さに一致している点である．

　上の法則をベルヌーイの定理から説明する．鉛直方向の座標を x_3 とし，上向きを正に取る．水面を $x_3 = H$，タンクの底のレベルを $x_3 = 0$ とする．このとき重力ポテンシャルを $Q(x) = g\,x_3$ とおく．流れを定常とし水面付近ではほぼ静止していると仮定する．各流線は水面から出発しタンクの穴に向かうとする．水圧 p の変化の経緯に注目することがポイントで，水面付近において p_0 に一致し，出口において穴を通過する瞬間に解放されて外気圧 p_0 に再び一致すると考えられる．この流線の両端においてベルヌーイの関数の値を比較し（図 5.5）結論を得る（水の速度場 $v(x)$ の出口での大きさが V であることにも注意）．

$$\frac{1}{2}\rho \times 0^2 + p_0 + g\,\rho\,H = \frac{1}{2}\rho V^2 + p_0 + g\,\rho \times 0$$

　ここで p_0 は大気圧で水面でもタンクの穴の外側でも同じであるとした．これから $V = \sqrt{2gH}$ が従う．

ケルビン[†]・**ヘルムホルツ**[‡] **の循環定理**　流速場における循環量という概念を定

[†]Lord Kelvin, 本名 William Thomson 1824-1907：イギリスの物理学者．

[‡]Hermann Ludwig Ferdinand von Helmholtz 1821-1894：ドイツの物理学者．

める．C を流速場 $v(x)$ をもつ流体内に存在する仮想的な C^1 級の有向閉曲線であるとする．これらから定まる線積分

$$L(C) = \int_C v(x) \cdot d\boldsymbol{\tau}$$

の値を C の**循環量**という．ここで C は向き付け可能な 2 次元曲面 M の（向きを込めて）縁となっていると仮定する．この値は，ストークスの定理より

$$L(C) = \iint_M (\operatorname{rot} v(x), \nu(x)) dS$$

と表現することもできることに注意する．ここで考察することはこのような閉曲線がオイラー方程式で規定される流れ場 $u(t,x)$ に乗って移動してゆく（$C(t)$ と書く）ときに，その時刻 t における循環量

$$L(C(t)) = \int_{C(t)} u(t,x) \cdot d\boldsymbol{\tau}$$

に注目し時間変化を考察する（図 5.6）．これらを計算するため閉曲線 $C(t)$ をパラメータ付けしておく．

$$C(t) : x = \phi(t,s) = (\phi_1(t,s), \phi_2(t,s), \phi_3(t,s)) \quad (\alpha \leqq s \leqq \beta),$$

$$\phi(t,\alpha) = \phi(t,\beta)$$

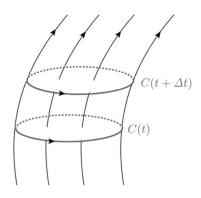

図 5.6　流れに乗って移動する閉曲線

また $C(t)$ は流体に乗って移動していることで，その上の点 $\phi(t,s)$ の移動速度は $u(t,\phi(t,s))$ に一致している．これを方程式で記述すると

$$\frac{\partial}{\partial t}\phi(t,s) = u(t,\phi(t,s)) \quad (\alpha \leqq s \leqq \beta, t > 0)$$

となる．さて循環定理を述べる．

定理 5.2 （ケルビン・ヘルムホルツ）　外力 f は保存力であると仮定する．すなわち $f = -\nabla Q$ とする．このとき，オイラー方程式の任意の解 $u(t,x)$ が与える流れ場に対して $L(C(t))$ は t に依存せず一定値を取る．

証明　直接的な計算で確認できる．合成関数の微分公式を用いて以下の計算を行う．

$$J(t) := \frac{d}{dt}L(C(t)) = \int_\alpha^\beta \frac{\partial}{\partial t}\sum_{j=1}^3\left\{u_j(t,\phi(t,s))\frac{\partial}{\partial s}\phi_j(t,s)\right\}ds$$

$$= \sum_{j=1}^3 \int_\alpha^\beta \left\{\frac{\partial u_j}{\partial t}(t,\phi(t,s))\frac{\partial\phi_j}{\partial s} + \sum_{k=1}^3\frac{\partial u_j}{\partial x_k}\frac{\partial\phi_k}{\partial t}\frac{\partial\phi_j}{\partial s} + u_j\frac{\partial^2\phi_j(t,s)}{\partial s\partial t}\right\}ds$$

$$= \sum_{j=1}^3 \int_\alpha^\beta \left(\frac{\partial u_j}{\partial t} + \sum_{k=1}^3 u_k\frac{\partial u_j}{\partial x_k}\right)\frac{\partial\phi_j}{\partial s}ds + \sum_{j=1}^3\int_\alpha^\beta u_j\frac{\partial}{\partial s}\left(\frac{\partial\phi_j}{\partial t}\right)ds$$

ここで方程式 $\frac{\partial\phi_j(t,s)}{\partial t} = u_j(t,\phi(t,s))$ とオイラー方程式を用いる．

$$J(t) = \sum_{j=1}^3 \int_\alpha^\beta \left(-\frac{1}{\rho}\frac{\partial p}{\partial x_j} - \frac{\partial Q}{\partial x_j}\right)\frac{\partial\phi_j}{\partial s}ds + \sum_{j=1}^3\int_\alpha^\beta u_j\frac{\partial}{\partial s}u_j(t,\phi(t,s))ds$$

$$= -\frac{1}{\rho}\int_\alpha^\beta \frac{\partial}{\partial s}\left(p(t,\phi(t,s)) + \rho Q(\phi(t,s))\right)ds + \int_\alpha^\beta \frac{1}{2}\frac{\partial}{\partial s}|u(t,\phi(t,s))|^2 ds$$

$$= -\frac{1}{\rho}\left\{p(t,\phi(t,\beta)) - p(t,\phi(t,\alpha))\right\} - Q(\phi(t,\beta)) + Q(\phi(t,\alpha))$$

$$+ \frac{1}{2}(|u(t,\phi(t,\beta))|^2 - |u(t,\phi(t,\alpha))|^2)$$

最後のところで周期条件 $\phi(t,\alpha) = \phi(t,\beta)$ を適用して 0 を得る．■

物理的な詳細については今井 [9] を参照せよ．

5.3　ニュートンポテンシャルとポアソン方程式

　ニュートンの引力の法則を思い出しておく. 3 次元の空間に 2 つの質点 P, R があるとき互いに引力が発生するというのがニュートンの引力の原理である. その力はそれぞれの質量に比例し，2 点間の距離の逆 2 乗に比例するという. P, R の質量を M_P, M_R として R が受ける力は次のようになる.

$$F = GM_P M_R \frac{\overrightarrow{RP}}{|\overrightarrow{RP}|^3} \quad (\text{図 5.7})$$

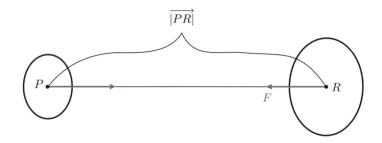

図 5.7　万有引力

　P が受ける力は大きさが同じで向きが逆となる. ここで $G > 0$ は万有引力定数と呼ばれる比例定数である. 以下，空間の固定点にある質量が及ぼす力のベクトル場を考えるため P を座標空間 $\mathbb{R}^3$ の原点に固定して，R の位置を x として重力の作用を見る. 以下記号の単純のため $M_P = M, M_R = 1$ とする. これらの記号を用いると x にいる R が P から受ける力（のベクトル）は

$$F(x) = -GM\frac{x}{|x|^3}$$

である. さて等式 $\nabla \frac{1}{|x|} = -\frac{x}{|x|^3}$ $(x \neq \mathbf{0})$ を用いて

$$Q(x) = -GM\frac{1}{|x|}$$

とおけば

$$-\nabla Q(x) = F(x) \quad (x \neq \mathbf{0})$$

となる. この Q を質点 P が作る**重力ポテンシャル**という. $z \in \mathbb{R}^3$ として z を始点とし無限遠に達する C^1 級曲線 $C : \phi = \phi(s)$ $(0 \leqq s < \infty)$ を取る. このとき

$$\phi(0) = z, \quad \lim_{s \to \infty} |\phi(s)| = \infty$$

である. 質量 1 である質点 R を重力場(P からの引力)に抗して無限に運ぶ仕事量(エネルギー)を見てみる. それはちょうど次の線積分である.

$$
\begin{aligned}
W &= \int_C (-F(x)) \cdot d\boldsymbol{\tau} \\
&= \int_0^\infty (-F(\phi(s)), \phi'(s))\, ds \\
&= \int_0^\infty ((\nabla Q)(\phi(s)), \phi'(s))\, ds \\
&= \int_0^\infty \frac{d}{ds} Q(\phi(s))\, ds = [Q(\phi(s))]_{s=0}^\infty \\
&= Q(\infty) - Q(z) = \frac{GM}{|z|} > 0
\end{aligned}
$$

このとき注目すべき点は W が積分経路 $\phi(s)$ の始点 z のみに依存することである(途中の経路を変更しても値は同じ). R に仕事を施して z から無限遠点 ∞ へ動かしてより高いエネルギーレベルの地点に位置させたと見なせる. $Q(z)$ という値がその位置エネルギー(の場)と見なすことができる.

上の例では一点 $\mathbf{0}$ に質量 M が存在する場合の重力ポテンシャルであったが, より一般の質量が広がって分布している場合はどうなるであろうか. 質点が複数個の場合を考える. それらの位置を $y(1), y(2), \ldots, y(p) \in \mathbb{R}^3$ として, それぞれ質量 $\sigma_1, \ldots, \sigma_p$ の質点をおく. 重力の作用のベクトルは各質点の作用のベクトルの加法で得られ, また重力ポテンシャルも同様となる. よって, 重力場および重力ポテンシャルは

$$F(x) = -\sum_{j=1}^p G\,\sigma_j \frac{x - y(j)}{|x - y(j)|^3},$$

$$Q(x) = -\sum_{j=1}^{p} G\,\sigma_j \frac{1}{|x - y(j)|}$$

となる．より一般に質量が密度関数 $\sigma(y)$ として連続して分布している場合も考えることができる．すなわち重力ポテンシャルは

$$Q(x) = -G \iiint_{\mathbb{R}^3} \frac{\sigma(y)}{|x - y|} dy$$

で与えられ，重力場は

$$F(x) = -\nabla Q(x) = -G \iiint_{\mathbb{R}^3} \frac{\sigma(y)(x - y)}{|x - y|^3} dy$$

となる．たとえば地球のように球体状に質量が分布している場合の Q はどうなるであろうか．地球内を一様として質量密度の関数を $y \in \mathbb{R}^3$ の関数として

$$\sigma(y) = \begin{cases} \sigma & (|y| \leqq R) \\ 0 & (|y| > R) \end{cases} \qquad (階段関数)$$

（$\sigma > 0,\ R > 0$ は定数）とする．このときの $Q(x)$ の積分表現は

$$Q(x) = -G \iiint_{|y| \leqq R} \frac{\sigma}{|x - y|}\, dy$$

となり，これは具体的に計算できて

$$Q(x) = \begin{cases} 2\pi G\sigma \left(-R^2 + \frac{|x|^2}{3}\right) & (|x| \leqq R) \\ -\frac{4\pi G\sigma R^3}{3|x|} & (|x| > R) \end{cases}$$

となる．また重力場は

$$F(x) = -\nabla Q(x) = \begin{cases} -\frac{4\pi G\sigma x}{3} & (|x| \leqq R) \\ -\frac{4\pi G\sigma R^3\, x}{3|x|^3} & (|x| > R) \end{cases}$$

となる．$Q(x)$ の積分計算は付録の章（A.7 節）で与える．

　一般的に質量分布 σ と重力ポテンシャル Q の関係は次のポアソン[†] **方程式**で

[†]Simeón Denis Poisson 1781-1840：フランスの数学者，物理学者．

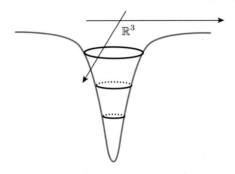

図 5.8　重力ポテンシャルのイメージ

も与えられることが知られている.

$$-\Delta Q(x) = -4\pi G \, \sigma(x) \quad (x \in \mathbb{R}^3),$$

$$Q(x) \to 0 \quad (|x| \to \infty)$$

σ に関する適当な条件の下で,積分表現された Q がポアソン方程式を満たすことも示せる.証明は煩雑なので割愛する (文献 杉浦 [4; 第 8 章], 小平 [6]).

5.4　熱伝導方程式

　本節では熱伝導方程式を考える．日常生活の空間や物体あるいは液体におい
て各部分の温度（温度分布）が定まり時間とともに変化している．媒質内を熱
エネルギーが移動したり拡散して温度分布が変化するからである．これを数式
を用いて表す．時刻 t，地点 x における温度を $u(t, x)$ で表し，この関数がど
のような数式を満たすのかを考えるとモデル方程式として**熱伝導方程式**（ある
いは単に熱方程式）が現れる．設定としては流れている液体（定常流，速度場
V）を想定し，その中の温度分布 $u(t, x)$ の変化を考察する．温度とはその地点
にある熱エネルギーの密度（単位体積あたりの量）とする．ここで，モデル方
程式を導くための 2 つの基本原理 (i), (ii) を確認しておく．

　(i) 熱エネルギー保存

　(ii-1) 温度勾配の逆方向へ熱エネルギーが流れる

　(ii-2) 熱エネルギーの流量は，温度勾配に比例する

(ii) をまとめると熱エネルギーの流量は $-\kappa \nabla u$（単位面積あたり，$\kappa > 0$ は熱
伝導率）となる．

　$\Omega \subset \mathbb{R}^3$ を媒質に相当する領域とする．任意の $z \in \Omega$ を取り，z の固定され
た小さい近傍† Λ を仮想的に考える．時刻 t から $t + h$ の微小期間での，集合
Λ に含まれる熱エネルギーの収支を見ると

$$\iiint_\Lambda u(t+h, x)dx - \iiint_\Lambda u(t, x)dx$$

となる．この差を生むものは境界 $\partial \Lambda$ を通過してくる流入量であるので，それ
を見積もる．ν を $\partial \Lambda$ 上の外向き単位法線ベクトル場とする．まず温度勾配に
よる流入量

$$h \iint_{\partial \Lambda} (-\kappa \nabla u(t, x), -\nu) \, dS$$

次に媒質の移動効果による流入量は

$$h \iint_{\partial \Lambda} (V(x)u(t, x), -\nu) \, dS$$

---

†たとえば $\Lambda = B(z, \delta)$.

である. エネルギーの保存によって上の 2 つはバランスしている. よって,

$$\iiint_\Lambda u(t+h,x)dx - \iiint_\Lambda u(t,x)dx$$

$$= h\iint_{\partial\Lambda}((-\kappa\nabla u(t,x)),(-\nu))\,dS + h\iint_{\partial\Lambda}(u(t,x)V(x),(-\nu))\,dS$$

見やすい形にして h で割る.

$$\iiint_\Lambda \frac{u(t+h,x)-u(t,x)}{h}dx = \iint_{\partial\Lambda}(\kappa\nabla u(t,x)-u(t,x)V(x),\nu)\,dS$$

右辺にガウス・グリーンの定理を適用して変形することで

$$\iiint_\Lambda \frac{u(t+h,x)-u(t,x)}{h}dx = \iiint_\Lambda \mathrm{div}(\kappa\nabla u(t,x)-u(t,x)V(x))dx$$

を得る. そして $h \to 0$ として

$$\iiint_\Lambda \frac{\partial u(t,x)}{\partial t}dx = \iiint_\Lambda \mathrm{div}(\kappa\nabla u(t,x)-u(t,x)V(x))dx$$

Λ の任意性により次の熱伝導方程式を得る.

$$\frac{\partial u}{\partial t} = \mathrm{div}\left(\kappa\nabla u(t,x)-u(t,x)V(x)\right)$$

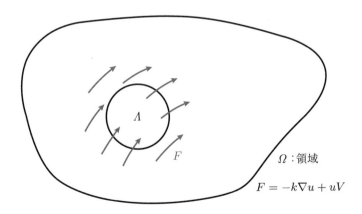

図 5.9 熱エネルギーの出入り

　ここで，流体は境界 $\partial\Omega$ を出入りしないとする（透過しない）とする，すなわち境界に沿って流れるとする．よって $(V(\xi), \nu(\xi)) = 0$ $(\xi \in \partial\Omega)$ と仮定する．また，境界は熱を透過しない材質であるとして以下の断熱条件（ノイマン条件）を満たすと仮定する．

$$\frac{\partial u}{\partial \nu}(t, x) = 0 \quad (t > 0, \ x \in \partial\Omega)$$

このとき，熱の流れ（flux）

$$F = -\kappa \nabla u(t, x) + u(t, x)V(x)$$

は境界に接することになる．方程式の両辺を Ω で積分して

$$\frac{\partial}{\partial t} \iiint_\Omega u(t, x)dx = \iiint_\Omega \mathrm{div}(-F)dx = -\iint_{\partial\Omega} (F(x), \nu) \, dS = 0$$

となり．Ω での総熱エネルギーが保たれる．

　上の状況において，任意の初期条件 $u(0, x) = u_0(x)$ に対して，解 $u(t, x)$ が一意に存在し $t \to \infty$ に対して，定常解（定常温度分布）$u_\infty(x)$ に漸近することが知られている．証明は本書の目的を超えるので行わない．

$\mathbb{R}^3$ における基本解　媒質がユークリッド空間 $\mathbb{R}^3$ 全体で移流が無い場合 $(V = \mathbf{0})$ は熱伝導方程式の解を厳密に表現できることが知られている．すなわち方程式

$$\frac{\partial u}{\partial t} = \Delta u \quad (t > 0, x \in \mathbb{R}^3)$$

に対して初期条件を与えて解くことができる．まず

$$E(t, x, a) = \left(\frac{1}{4\pi t}\right)^{\frac{3}{2}} \exp\left(-\frac{|x-a|^2}{4t}\right)$$

は 1 つの解である（確認されたい）．これは**基本解**と呼ばれる．基本的である理由は下に示す通り一般の解がこの解を重ね合わせることで表現されるからである．この基本解の特徴は

$$E(t, x, a) = E(t, a, x) > 0, \quad \iiint_{\mathbb{R}^3} E(t, z, a)dz = 1 \quad (t > 0, x, a \in \mathbb{R}^3)$$

があるが，特に注意すべきは次の性質である．任意の $\delta > 0$ に対して

$$\lim_{t\downarrow0} E(t,x,a) = 0 \quad (x \neq a), \quad \lim_{t\downarrow0} \iiint_{|x-a|\geqq\delta} E(t,x,a)dx = 0$$

この特殊解 $E(t,x,a)$ が表す熱現象は次の通りである. 初期時刻において熱エネルギー 1 が地点 a の無限小近傍に局在している. 時刻 t の増加とともにそれが周囲に伝導していき無限領域 $\mathbb{R}^3$ に全般に広がる. 総エネルギーは保存されるので空間の各点での温度は t の増大とともにゼロに戻って行く. さて一般の初期条件（初期温度分布）

$$u(0,x) = \varphi(x)$$

に対する解を考えたい. まず温度分布 φ が与えられたとき $\mathbb{R}^3$ の微小領域 $\varUpsilon$（サイズ的にはほぼ 1 点）に局在する熱エネルギーはおよそ $\varphi(z)\mu(\varUpsilon)$ である. ここで $z \in \varUpsilon$ である. そしてその熱エネルギーが $t > 0$ で空間に広がっていくときの分布は $E(t,x,z)\varphi(z)\mu(\varUpsilon)$ で与えられる. 分布 φ 全体は上の部分部分の $\varphi(z)\chi_\varUpsilon(x)$ を無数に足し合わせたものと考えれば温度分布 $u(t,x)$ は積分の形で与えられる. 特に次の結果が成立する.

定理 5.3 φ は $\mathbb{R}^3$ における有界な連続関数とする. このとき

$$u(t,x) = \iiint_{\mathbb{R}^3} E(t,x,z)\,\varphi(z)\,dz$$

は熱伝導方程式の解となり, 初期条件

$$\lim_{t\downarrow0} u(t,x) = \varphi(x) \quad (x \in \mathbb{R}^3)$$

を満たす.

参考文献 犬井, 高見, 藤田, 池部 [7]. 電磁気学や連続体力学などへの関連に力点をおいたベクトル解析の本として安達 [10] がある.

■ 演習問題 ■

5.1 5.3 節において質量分布密度関数 $\sigma(x)$ が以下で与えられるとする.

$$\sigma(x) = \begin{cases} 0 & (|x| < s_1) \\ \sigma & (s_1 \leq |x| \leq s_2) \\ 0 & (|x| > s_2) \end{cases}$$

但し, $\sigma > 0$, $0 < s_1 < s_2$ である. このとき, 重力ポテンシャル $Q(x)$ と重力場を求めよ.

5.2 $0 < t \leq T$, $x \in \Omega$ の範囲で C^1 級の関数 $u = u(t,x)$, $p = p(t,x)$ がオイラー方程式を満たすと仮定する.

$$\frac{\partial u}{\partial t} + (u \cdot \nabla)u + \nabla p = 0, \quad \mathrm{div}\, u(t,x) = 0 \ (0 < t \leq T, x \in \Omega)$$

$$(u(t,x), \nu(x)) = 0 \ (0 < t \leq T, x \in \partial\Omega)$$

であるならば $\iiint_\Omega |u(t,x)|^2 \, dx$ は t に依存しないことを示せ.

5.3 $a = (a_1, a_2, a_3)$ を定数ベクトル, φ は $\mathbb{R}^3$ における有界連続関数であるとする. このとき熱伝導方程式

$$\frac{\partial u}{\partial t} = \mathrm{div}(\nabla u - u\, a) \ (t > 0, x \in \mathbb{R}^3), \quad u(0, x) = \varphi(x) \ (x \in \mathbb{R}^3)$$

の初期値問題の解を与えよ (ヒント:変換 $v(t,x) = \exp(\alpha\, t + (b, x))\, u(t,x)$ によって問題を既知の場合に帰着させることを考えよ).

付録 A

補足 (Appendix)

この付録では，本文中における基礎事項や知識の補足的な解説や，本文中で十分記述できなかった説明や証明等を述べる.

A.1 ℝ の性質

数学研究の諸分野においては実数の集合 ℝ の基礎の上に理論が構築される．ℝ の公理については杉浦 [1] の第 1 章に詳しいので参照されたい．ここでは本書を読むのに必要な基礎知識を述べる．ℝ の公理は

(i) 四則演算の存在,

(ii) 順序の構造,

(iii) 連続性の公理

からなる．(i), (ii) は既知とする．ℝ の部分集合や数列などの基礎事項を述べたあと (iii) を説明する.

定義 （収束） 実数列 $\{a_n\}_{n=1}^{\infty}$ が実数 a に収束するとは，次の条件が成立することである.

（条件） 『任意の $\varepsilon > 0$ に対し，番号 N があって，

$$m \geqq N \implies |a_m - a| < \varepsilon \text{ が成立する}』$$

この内容を $\lim_{n \to \infty} a_n = a$ と表す.

定義 （有界性） 集合 $E \subset \mathbb{R}$ が上に有界であるとは，ある実数 ξ が存在して

$$x \leqq \xi \qquad (x \in E)$$

となることである．このような性質が成り立つとき ξ は E の上界であるという．また E が下に有界であるとは，ある η があって

$$x \geqq \eta \qquad (x \in E)$$

となることである.このような性質が成り立つとき η は E の**下界**であるという.また集合が**有界**であるとは上に有界かつ下に有界であることである.

実数列 $\{a_n\}_{n=1}^{\infty}$ が上に有界,下に有界,有界であるとは,この列のなす集合が,それぞれ,上に有界,下に有界,有界であることである.

定義（単調列）実数列 $\{a_n\}_{n=1}^{\infty}$ が**単調増加**であるとは $a_{n+1} \geqq a_n$ $(n \in \mathbb{N})$ となることである.$\{a_n\}_{n=1}^{\infty}$ が**単調減少**であるとは $a_{n+1} \leqq a_n$ $(n \in \mathbb{N})$ となることである.

さて $\mathbb{R}$ の連続性の公理 (iii) を次の形で述べよう.

定義（アルキメデス性）$\mathbb{R}$ がもつ自然な性質として以下を定めよう.任意の正の数 $a, b \in \mathbb{R}$ に対して,ある $n \in \mathbb{N}$ があり $na > b$ となる.

注意 アルキメデス性から $\lim_{n \to \infty} \frac{1}{n} = 0$ が従う.なぜなら 任意の $\varepsilon > 0$ に対して $N \in \mathbb{N}$ が存在して $N > \frac{1}{\varepsilon}$ が成り立ち $n \geqq N$ なるすべての $n \in \mathbb{N}$ に対して $0 < \frac{1}{n} \leqq \frac{1}{N} < \varepsilon$ となるからである.また $n \in \mathbb{N}$ に対して $2^n > n$ を用いれば

$$\lim_{n \to \infty} \frac{1}{2^n} = 0$$

も成立する.

(iii)（**実数の連続性の公理**）$\mathbb{R}$ はアルキメデス性をもつ.さらに任意の単調増加かつ有界な実数列は $\mathbb{R}$ の中で極限値をもつ（すなわち収束する）.

注意 上の公理において "単調増加列" を "単調減少列" に置き換えても同値の公理となる.

実数の連続性の重要な帰結である上限定理を述べる.

定理 A.1（上限定理）$\mathbb{R}$ の空でない部分集合 E が上に有界とする.このとき,次のような条件を満たす実数 a が唯一存在する.

(i) $a \geqq x \, (x \in E)$,

(ii) 任意の $\varepsilon > 0$ に対し,ある $y \in E$ があって,$y > a - \varepsilon$ となる.

証明 上限 a の存在を示す.仮定より E に上界 c がある.E は空でないので $x_1 \in E$ がある.$a_1 = c$ とおいておく.c は E の上界なので $x_1 \leqq a_1$ となる.$z = \frac{x_1 + a_1}{2}$ とおくと $x_1 \leqq z \leqq a_1$ となる.

(Step 1) もし z が E の上界なら $a_2 = z$, $x_2 = x_1$ とおく.そうでないなら $a_2 = a_1$,

z を超える E の要素があるのでそれを $x_2 \in E$ とおく. いずれにしても $x_2 \le a_2$.
(Step 2) $z = \frac{x_2 + a_2}{2}$ とおく. もし z が E の上界なら $a_3 = z$, $x_3 = x_2$, そうでないなら $a_3 = a_2$, z を超える E の要素があるのでそれを x_3 とおく. いずれにしても $x_3 \le a_3$. この過程を繰り返し (Step m) まで進める. これによって

$$x_1 \le x_2 \le \cdots \le x_{m-1} \le x_m \le a_m \le a_{m-1} \le \cdots \le a_1$$

となる.

$$0 \le a_m - x_m \le \frac{a_1 - x_1}{2^{m-1}}$$

が成立する. 実数の公理 (iii) により $\{a_m\}_{m=1}^{\infty}$, $\{x_m\}_{m=1}^{\infty}$ はそれぞれ収束するので極限値 a, x とおく. また $a = x$ となる[†]. ∎

定義　上限定理で与えられる a を用いて $\sup E = a$ とおき集合 E の**上限**という. もし E が上に有界でない場合は

$$\sup E = \infty$$

と定めることで, $\mathbb{R}$ の空でないすべての部分集合 E に対して $\sup E$ が定まる.

注意　E にもし最大値が存在すれば $\sup E = \max E$ となる.

系 A.2　$\mathbb{R}$ の空でない部分集合 F が下に有界とする. このとき, 次のような条件を満たす実数 b が唯一存在する.
  (i) $b \le x$ ($x \in F$),
  (ii) 任意の $\varepsilon > 0$ に対し, ある $z \in F$ があって, $z < b + \varepsilon$ となる.

定義　上の系により $\inf F = b$ とおく. 下に有界でない場合は

$$\inf F = -\infty$$

と定める.

注意　F にもし最小値が存在すれば $\inf F = \min F$ となる.

例　$E = [0, 1) \subset \mathbb{R}$ のときは $\inf E = \min E = 0$, $\sup E = 1$ となる. 一方, $\max E$ は存在しない.

注意　空でない 2 つの集合 $E, F \subset \mathbb{R}$ に対して $E \subset F$ ならば, 以下が成立することを示せ.

[†]この議論の方法を区間縮小法という.

$$\sup E \leqq \sup F, \qquad \inf E \geqq \inf F$$

定理 A.3（**1 次元版のボルツァーノ[†]・ワイエルシュトラス[‡] の定理**）　有界な実数列 $\{a_n\}_{n=1}^{\infty}$ に対して，ある部分列は収束する．すなわち自然数の増大列 $n(1) < n(2) < \cdots < n(m) < \cdots$ および実数 a が存在して

$$\lim_{m \to \infty} a_{n(m)} = a$$

となる．

証明　$E_m = \{a_k \mid k \geqq m\}$, $b_m = \sup E_m$ とおくとき $\{b_m\}$ は有界な単調減少数列となるので極限値 β をもつ．$\displaystyle\lim_{m \to \infty} b_m = \beta$. b_m は E_m の上限なので各 m に対して番号 $p(m)$ があって

$$p(m) \geqq m, \qquad b_m - \frac{1}{m} < a_{p(m)} \leqq b_m$$

がある．$\displaystyle\lim_{m \to \infty} p(m) = \infty$ である．そこで $p(m)$ を小さい順番にならべ重複するものを除いて番号を付け替えたものを新たに $q(m)$ とおくと

$$\lim_{m \to \infty} a_{q(m)} = \beta$$

となる．■

関数の有界性　関数が，上に有界，あるいは下に有界，あるいは有界であるとは，その関数の値域が，それぞれ，上に有界，下に有界，有界であることと定める．

集合 X における実数値関数 f に対して

$$\sup_{x \in X} f(x) = \sup\{f(x) \mid x \in X\}, \qquad \inf_{x \in X} f(x) = \inf\{f(x) \mid x \in X\}$$

と定義する．f がもし X で最大値，最小値を取るときは次が成立する．

$$\sup_{x \in X} f(x) = \max_{x \in X} f(x), \qquad \inf_{x \in X} f(x) = \min_{x \in X} f(x)$$

命題 A.4　集合 X における有界な実数値関数 f, g に対して，$f(x) \leqq g(x)$ $(x \in X)$ ならば，次の関係が成立する．

$$\sup_{x \in X} f(x) \leqq \sup_{x \in X} g(x), \qquad \inf_{x \in X} f(x) \leqq \inf_{x \in X} g(x)$$

命題 A.5　集合 X 上の有界な実数値関数 f, g に対し，次の関係が成立する．

$$\sup_{x \in X} (f(x) + g(x)) \leqq \sup_{x \in X} f(x) + \sup_{x \in X} g(x),$$
$$\inf_{x \in X} (f(x) + g(x)) \geqq \inf_{x \in X} f(x) + \inf_{x \in X} g(x)$$

[†]Bernard Bolzano 1781-1848：チェコの数学者．

[‡]Karl Theodor Wilhelm Weierstrass 1815-1897：ドイツの数学者．

例題 A.1

$\mathbb{R}$ の空でない部分集合の列 $E_1 \subset E_2 \subset \cdots \subset E_m \subset \cdots$ に対して,$E = \bigcup_{m \geqq 1} E_m$ とおくとき次の等式が成立することを示せ.

$$\sup_{n \geqq 1} (\sup E_n) = \sup E, \quad \inf_{n \geqq 1} (\inf E_n) = \inf E$$

証明の概要 $\sup E = \gamma$ とおき $\gamma < \infty$ の場合に証明する. 仮定より $E_m \subset E$ より $\sup E_m \leqq \gamma$ となる. よって $\sup_{m \geqq 1}(\sup E_m) \leqq \gamma$ となる. 逆に任意の $\varepsilon > 0$ に対して,ある $x_0 \in E$ があって $\gamma - \varepsilon < x_0$. ここで,ある番号 N があって $x_0 \in E_N$ となるから

$$\sup E_N > \gamma - \varepsilon$$

となりさらに

$$\sup_{m \geqq 1}(\sup E_m) > \gamma - \varepsilon$$

となる. $\varepsilon > 0$ は任意であったから $\sup_{m \geqq 1}(\sup E_m) \geqq \gamma$.

注意 $\mathbb{R}$ の空でない部分集合の列 $G_1 \supset G_2 \supset \cdots \supset G_m \supset \cdots$ に対して $G = \bigcap_{m \geqq 1} G_m \neq \emptyset$ として

$$\inf_{m \geqq 1} \sup G_m = \sup G, \quad \sup_{m \geqq 1} \inf G_m = \inf G$$

が成立するかは場合による. たとえば

$$G_m = [0, 1] \cup \left(2, 2 + \frac{1}{m}\right) \quad (m \in \mathbb{N})$$

の場合 $G = [0, 1]$ となるが,上式は一方が成立し他方が不成立となることを見よ.

A.2 $\mathbb{R}^n$ の位相

$\mathbb{R}^n$ の位相空間としての性質のうち $\mathbb{R}$ と同様に成立する重要定理を述べる.

定義 点列 $\{x(m)\}_{m=1}^{\infty}$ が**有界列**であるとは,ある $R > 0$ があって $x(m) \in B(R)$ $(m \geqq 1)$ となることである. すなわち,この点列が成す集合が有界集合ということと同値である.

定義　点列 $\{x(m)\}_{m=1}^{\infty}$ があるとする．自然数の単調増大列

$$m(1) < m(2) < \cdots < m(p) < \cdots$$

を取って $\{x(m(p))\}_{p=1}^{\infty}$ も点列となるが，これを元の列の**部分列**という．

注意　部分列は自然数の増大列 $\{m(p)\}_{p=1}^{\infty}$ の選び方に依存する．元の $\{x(m)\}_{m=1}^{\infty}$ が収束列であれば，任意の部分列は同じ値に収束することにも注意しよう．

定理 A.6（**多次元版のボルツァーノ・ワイエルシュトラスの定理**）　$\mathbb{R}^n$ の有界な点列 $\{x(m)\}_{m=1}^{\infty}$ に対して，ある自然数の増大列

$$m(1) < m(2) < \cdots < m(p) < m(p+1) < \cdots$$

および点 $A \in \mathbb{R}^n$ が存在して，次が成立する．

$$\lim_{p \to \infty} x(m(p)) = A$$

【説明】　点 $x(m)$ を成分表示して $x(m) = (x_1(m), x_2(m), \ldots, x_n(m))$ とすると各成分に現れる数列は有界となる．よって $x_1(m)$ においての自然数の増大列 $m(1,1) < m(1,2) < \cdots < m(1,p) < \cdots$ を取って $x_1(m(1,p))$ が収束するようにできる．次に第 2 成分で同じ議論を行って $\{m(1,p)\}_{p=1}^{\infty}$ の部分列 $\{m(2,p)\}_{p=1}^{\infty}$ を取って $x_2(m(2,p))$ が収束するようにできる．これを繰り返せば良い．■

　この定理は非常に有用な結果で，最大値最小値の定理，変分法の議論など，解析学で何かの存在を証明するときに用いられる．

コーシー[†]**列と完備性**　点列 $\{x(p)\}_{p=1}^{\infty}$ が**コーシー列**であるとは，『任意の $\varepsilon > 0$ に対して，ある番号 $N = N(\varepsilon)$ があって $p, q \geqq N(\varepsilon) \Longrightarrow |x(p) - x(q)| < \varepsilon$』となること．

　この定義の下で次の重要な定理が成立する．

定理 A.7　ユークリッド空間 $\mathbb{R}^n$ の任意のコーシー列 $\{x(m)\}_{m=1}^{\infty}$ は収束する．すなわち，ある点 $a \in \mathbb{R}^n$ があって

$$\lim_{m \to \infty} x(m) = a$$

となる．

[†]Augustin Louis Cauchy 1789-1857 : フランスの数学者.

A.3　連続関数の基本性質

本書でよく利用する連続関数の性質をまとめる.

定理 A.8　f, g を A 上の連続関数とする. このとき次が成立する.

(1)　定数 α, β に対して $\alpha f + \beta g$ は A 上で連続である.

(2)　fg は A 上で連続である.

(3)　$|f(x)|$, $\max(f(x), g(x))$, $\min(f(x), g(x))$ は A 上で連続である.

(4)　$\frac{f}{g}$ は $\{x \in A \mid g(x) \neq 0\}$ 上で連続である.

証明　(1)　任意の $a \in A$ を取る. f, g の連続性の仮定より
任意の $\varepsilon > 0$ に対して

$$\exists \delta_1 = \delta_1(\varepsilon) > 0 \text{ such that } x \in A, \ |x - a| < \delta_1 \Longrightarrow |f(x) - f(a)| < \varepsilon,$$

$$\exists \delta_2 = \delta_2(\varepsilon) > 0 \text{ such that } x \in A, \ |x - a| < \delta_2 \Longrightarrow |g(x) - g(a)| < \varepsilon.$$

さて

$$J_1(x) := |\alpha f(x) + \beta g(x) - (\alpha f(a) + \beta g(a))|$$

$$\leqq |\alpha| \, |f(x) - f(a)| + |\beta| \, |g(x) - g(a)|$$

を評価したい.

$$\delta_3(\varepsilon) = \min\left(\delta_1\left(\frac{1}{1 + |\alpha|}\frac{\varepsilon}{2}\right), \delta_2\left(\frac{1}{1 + |\beta|}\frac{\varepsilon}{2}\right)\right)$$

とおく. このとき $x \in A$, $|x - a| < \delta_3(\varepsilon)$ のとき

$$|f(x) - f(a)| < \frac{1}{1 + |\alpha|}\frac{\varepsilon}{2}, \quad |g(x) - g(a)| < \frac{1}{1 + |\beta|}\frac{\varepsilon}{2}$$

よって

$$J_1(x) < \frac{|\alpha|}{1 + |\alpha|}\frac{\varepsilon}{2} + \frac{|\beta|}{1 + |\beta|}\frac{\varepsilon}{2} < \frac{\varepsilon}{2} + \frac{\varepsilon}{2} = \varepsilon$$

これによって $\alpha f(x) + \beta g(x)$ の連続性が示された.

(2)

$$J_2(x) := |f(x)g(x) - f(a)g(a)|$$

$$= |(f(x) - f(a))g(x) + f(a)(g(x) - g(a))|$$

$$\leqq |f(x) - f(a)| \, |g(x)| + |f(a)| \, |g(x) - g(a)|$$

まず $x \in A, |x-a| < \delta_2(1)$ ならば $|g(x)| < |g(a)|+1$ であることに注意して

$$\delta_4(\varepsilon) = \min\left(\delta_2(1), \delta_1\left(\frac{1}{|g(a)|+1}\frac{\varepsilon}{2}\right), \delta_2\left(\frac{1}{|f(a)|+1}\frac{\varepsilon}{2}\right)\right)$$

とおく．よって $x \in A, |x-a| < \delta_4(\varepsilon)$ ならば $|g(x)| \leqq |g(a)|+1$ かつ

$$|f(x)-f(a)| < \frac{1}{|g(a)|+1}\frac{\varepsilon}{2}, \quad |g(x)-g(a)| < \frac{1}{|f(a)|+1}\frac{\varepsilon}{2}$$

となり $J_2(x)$ の式を用いて $J_2(x) < \varepsilon$ を得て，$f(x)g(x)$ の連続性が示された．
(3)

$$||f(x)|-|f(a)|| \leqq |f(x)-f(a)| < \varepsilon \quad (x \in A, |x-a| < \delta_1(\varepsilon))$$

から $|f(x)|$ の連続性が従う．さらに

$$\max(f(x), g(x)) = \frac{1}{2}(f(x)+g(x)+|f(x)-g(x)|),$$

$$\min(f(x), g(x)) = \frac{1}{2}(f(x)+g(x)-|f(x)-g(x)|)$$

を用いて，すでに示した，連続関数の和と差および絶対値が連続であることから $\max(f(x), g(x))$, $\min(f(x), g(x))$ が連続であることが従う．
(4)　$a \in A, g(a) \neq 0$ とする．

$$\begin{aligned}J_3(x) &:= \left|\frac{f(x)}{g(x)} - \frac{f(a)}{g(a)}\right| = \left|\frac{f(x)g(a)-f(a)g(x)}{g(x)g(a)}\right| \\ &= \left|\frac{(f(x)-f(a))g(a)-f(a)(g(x)-g(a))}{g(x)g(a)}\right| \\ &\leqq \frac{|f(x)-f(a)||g(a)|}{|g(x)||g(a)|} + \frac{|f(a)||g(x)-g(a)|}{|g(x)||g(a)|}\end{aligned}$$

さて $|g(a)| > 0$ より $|g(x)| > \frac{|g(a)|}{2}$ $\left(|x-a| < \delta_2\left(\frac{|g(a)|}{2}\right)\right)$ であるから

$$J_3(x) \leqq \frac{2}{|g(a)|}|f(x)-f(a)| + \frac{2|f(a)|}{|g(a)|^2}|g(x)-g(a)| \quad \left(|x-a| < \delta_2\left(\frac{|g(a)|}{2}\right)\right)$$

よって

$$\delta_5(\varepsilon) = \min\left(\delta_2\left(\frac{|g(a)|}{2}\right), \delta_1\left(\frac{|g(a)|}{2}\frac{\varepsilon}{2}\right), \delta_2\left(\frac{|g(a)|^2}{2|f(a)|+1}\frac{\varepsilon}{2}\right)\right)$$

とおくと，計算によって $x \in A, |x-a| < \delta_5(\varepsilon)$ ならば $J_3(x) < \varepsilon$ となり，$\frac{f(x)}{g(x)}$ の連続性が示された．■

命題 A.9（命題 **2.4**）　関数 $f: D \longrightarrow \mathbb{R}$ および $\phi: \mathbb{R} \longrightarrow \mathbb{R}$ は連続関数であると

する．このとき，**合成関数**

$$(\phi \circ f)(x) = \phi(f(x))$$

は D 上の連続関数となる．

証明 $a \in D$ を取り，$b = f(a)$ とおく．f, ϕ の連続性から，以下の 2 つの条件が成立する．

（あ）任意の $\varepsilon > 0$ に対して，ある $\delta = \delta(\varepsilon)$ があって，

$$y \in D, |y - b| < \delta(\varepsilon) \Longrightarrow |\phi(y) - \phi(b)| < \varepsilon$$

（い）任意の $\zeta > 0$ に対して，ある $\eta = \eta(\zeta) > 0$ が存在して

$$x \in D, |x - a| < \eta(\zeta) \Longrightarrow |f(x) - f(a)| < \zeta$$

さて $\varepsilon > 0$ に対して $\tilde{\eta}(\varepsilon) = \eta(\delta(\varepsilon))$ と定めると $x \in D$, $|x - a| < \tilde{\eta}(\varepsilon)$ ならば $|f(x) - f(a)| < \delta(\varepsilon)$ となり ϕ の条件より

$$|\phi(f(x)) - \phi(f(a))| < \varepsilon$$

となる．$a \in D$ の任意性より $\phi \circ f$ の連続性が従う．■

定理 A.10（**最大値最小値の定理**）　集合 $D \subset \mathbb{R}^n$ は有界閉集合であるとする．f は D 上の実数値連続関数とする．このとき，f は D で最大値および最小値を取る．つまり，ある $z, w \in D$ が存在して

$$f(z) \leqq f(x) \leqq f(w) \quad (x \in D)$$

が成立する．

証明（Step 1）（有界性）背理法により示す．任意の $m \in \mathbb{N}$ に対して

$$\{x \in D \mid |f(x)| \geqq m\} \neq \emptyset$$

とする．よって，各 $m \in \mathbb{N}$ に対してある $x(m) \in D$ があって $|f(x(m))| \geqq m$ とできる．D は有界閉集合であるから，この点列は収束する部分列 $\{x(m(p))\}_{p=1}^{\infty}$ をもつ（ボルツァーノ・ワイエルシュトラスの定理）．また，その極限 a も D に属する．f の連続性より $\lim_{p \to \infty} f(x(m(p))) = f(a)$ が成り立ち，これは $|f(x(m(p)))| \geqq m(p) \to \infty \quad (p \to \infty)$ に反する．

（Step 2）$J = \{f(x) \mid x \in D\}$ は有界であるから上限 α および下限 β が存在する．さて任意の $m \in \mathbb{N}$ に対して

$$J(m) = \left\{ x \in D \ \middle| \ \alpha - \frac{1}{m} < f(x) \leqq \alpha \right\}$$

は空でないので $x(m) \in J(m)$ を選択する. 列 $\{x(m)\}_{m=1}^{\infty} \subset D$ は有界であるから収束部分列 $\{x(m(p))\}_{p=1}^{\infty}$ をもつ（ボルツァーノ・ワイエルシュトラスの定理）. D は閉集合であるからその極限 w も D に属する. f の連続性により

$$\lim_{p \to \infty} f(x(m(p))) = f(w) = \alpha$$

これが最大値となる. 最小値の場合も同様. ∎

定理 A.11（中間値の定理） 有界閉区間 $I = [a,b]$ における連続関数 f において $f(a)f(b) < 0$ ならば $f(z) = 0$ となる $z \in (a,b)$ が存在する.

定理 A.12（平均値の定理） 有界閉区間 $I = [a,b]$ における連続関数 f が (a,b) において微分可能であると仮定する. このとき $z \in I$ があって次の等式が成立する.

$$\frac{f(b) - f(a)}{b - a} = f'(z)$$

A.1, A.2, A.3 節の詳細は文献 黒田 [3], 神保, 本多 [1], 笠原 [2] などを参照されたい.

A.4 命題 2.7 の証明

まず f が E で一様連続であることを仮定する. $\forall \varepsilon > 0$ に対し, $\delta = \delta(\varepsilon) > 0$ があって

$$x, y \in E, |x - y| < \delta \Longrightarrow |f(x) - f(y)| < \frac{\varepsilon}{2}$$

これより任意の $z \in E$ に対し

$$x, y \in E, x, y \in B(z, \delta(\varepsilon)) \Longrightarrow |f(x) - f(y)| < \varepsilon$$

となる. そしてこれは $\zeta = \delta(\frac{\varepsilon}{2})$ とおけば

$$\sup_{z \in E} \mathrm{var}(f, E \cap B(z, \zeta)) \leqq \frac{\varepsilon}{2} < \varepsilon$$

を意味する. 逆を示す. 任意の $\varepsilon > 0$ に対して, ある $\zeta = \zeta(\varepsilon) > 0$ があって

$$\sup_{z \in E} \mathrm{var}(f, E \cap B(z, \zeta(\varepsilon))) < \varepsilon$$

よって, 任意の $z \in E$ に対して $\mathrm{var}(f, E \cap B(z, \zeta(\varepsilon))) < \varepsilon$ なので $x \in B(z, \zeta(\varepsilon))$ ならば $|f(x) - f(z)| < \varepsilon$ となる. これより, 任意の $\varepsilon > 0$ に対し

$$z, x \in E, |x - z| < \zeta(\varepsilon) \Longrightarrow |f(z) - f(x)| < \varepsilon$$

が成立し, f は E で一様連続となる. ∎

A.5 1変数関数の定積分の補足

本書では1変数関数の積分理論に関しては既習として進めることにしている（参考書を参照のこと）．本書において適用されるいくつかの基礎的な事項をここにまとめておく．$\mathbb{R}$ の有界な閉区間 $I = [a, b]$ 上の関数に対する積分の基本性質をいくつか述べる．

定理 A.13 有界閉区間 I 上の連続関数 $f(x)$ はリーマン積分可能である．

定理 A.14 有界閉区間 $[a, b]$ 上の連続関数 $f(x), g(x)$ に対し，次が成立する．

(i) $\displaystyle \int_a^b (\alpha\, f(x) + \beta\, g(x))dx = \alpha \int_a^b f(x)dx + \beta \int_a^b g(x)dx \quad (\alpha, \beta \in \mathbb{R})$

(ii) $\displaystyle \left| \int_a^b f(x)dx \right| \leqq \int_a^b |f(x)|\, dx$

(iii) $\displaystyle f(x) \leqq g(x)\ (x \in I) \Longrightarrow \int_a^b f(x)dx \leqq \int_a^b g(x)dx$

定理 A.15 （微分積分学の基本定理） 有界閉区間 $I = [a, b]$ 上の連続関数 f および任意の $c \in I$ に対して，次の等式が成立する．

$$\frac{d}{dx} \int_c^x f(\xi)d\xi = f(x)$$

定理 A.16 （積分のパラメータに関する連続依存性） $f(t, x)$ は $(\alpha, \beta) \times [a, b]$ で定義された関数で

(i) 各 t に対して x の連続関数であり，

(ii) ある $t_0 \in (\alpha, \beta)$ に対し

$$\lim_{t \to t_0} \sup_{a \leqq x \leqq b} |f(t, x) - f(t_0, x)| = 0$$

を仮定する．このとき，次が成立する．

$$\lim_{t \to t_0} \int_a^b f(t, x)dx = \int_a^b f(t_0, x)dx$$

証明

$$\left| \int_a^b f(t, x)dx - \int_a^b f(t_0, x)dx \right| = \left| \int_a^b (f(t, x) - f(t_0, x))dx \right|$$

$$\leqq \int_a^b |f(t, x) - f(t_0, x)|\, dx$$

$$\leqq \sup_{a \leqq x \leqq b} |f(t,x) - f(t_0,x)| (b-a) \to 0 \quad (t \to t_0) \quad \blacksquare$$

注意 定理の (ii) の条件は，$f(t,x)$ が $(\alpha,\beta) \times [a,b]$ で連続ならば成立する.

微分積分学の基本定理の拡張 縦線形集合 $D \subset \mathbb{R}^2$ が以下のように与えられているとする.

$$D = \{(t,z) \in \mathbb{R}^2 \mid \alpha \leqq t \leqq \beta, \ \phi_1(t) \leqq z \leqq \phi_2(t)\}$$

但し，$\phi_1 = \phi_1(t)$, $\phi_2 = \phi_2(t)$ は区間 $[\alpha,\beta]$ 上の C^1 級関数であり，

$$\phi_1(t) < \phi_2(t) \qquad (\alpha \leqq t \leqq \beta)$$

であるとする.

定理 A.17 D 上の連続関数 $f(t,z)$ があり，さらに次の条件を課す.
【条件】 $f(t,z)$ は t に関して偏微分可能で，$\frac{\partial f}{\partial t}(t,z)$ は D で連続であるとする.
このとき次の等式が成立する.

$$\frac{d}{dt} \int_{\phi_1(t)}^{\phi_2(t)} f(t,z)dz = \int_{\phi_1(t)}^{\phi_2(t)} \frac{\partial f}{\partial t}(t,z)dz + f(t,\phi_2(t))\phi_2'(t) - f(t,\phi_1(t))\phi_1'(t)$$

証明については，杉浦 [4] VIII 章定理 3.2 参照.

A.6 シュワルツの定理（命題 2.12）

定理 A.18 （命題 2.12） 領域 $D \subset \mathbb{R}^n$ における C^2 級関数 f に関して

$$\frac{\partial}{\partial x_i}\left(\frac{\partial f}{\partial x_j}\right) = \frac{\partial}{\partial x_j}\left(\frac{\partial f}{\partial x_i}\right) \quad (1 \leqq i < j \leqq n)$$

が D で成立する.

証明 任意の $a \in D$ に対して $h, k \in \mathbb{R}$ として

$$J := f(a + h\,e_i + k\,e_j) - f(a + h\,e_i) - f(a + k\,e_j) + f(a)$$

を 2 通りに表す.

$$F(t) = f(a + t\,h\,e_i + k\,e_j) - f(a + t\,h\,e_i),$$

$$G(s) = f(a + h\,e_i + s\,k\,e_j) - f(a + s\,k\,e_j)$$

とおくと，それぞれ t, s の C^1 級関数となる. さて

$$J = F(1) - F(0) = G(1) - G(0)$$

となる. ここで, 平均値の定理を適用して, ある $\theta_1, \theta_2 \in (0,1)$ が存在して $J = F'(\theta_1)(1 - 0) = G'(\theta_2)(1 - 0)$ を得る. これを f を用いて表すと

$$J = h\left\{f_{x_i}(a + \theta_1 h\,\boldsymbol{e}_i + k\,\boldsymbol{e}_j) - f_{x_i}(a + \theta_1 h\,\boldsymbol{e}_i)\right\},$$

$$J = k\left\{f_{x_j}(a + h\,\boldsymbol{e}_i + \theta_2 k\,\boldsymbol{e}_j) - f_{x_j}(a + \theta_2 k\,\boldsymbol{e}_j)\right\}$$

さらに平均値の定理を適用することで, ある $\theta_3, \theta_4 \in (0,1)$ が存在して

$$J = hk\frac{\partial f_{x_i}}{\partial x_j}(a + \theta_1 h\,\boldsymbol{e}_i + k\theta_3\,\boldsymbol{e}_j), \quad J = hk\frac{\partial f_{x_j}}{\partial x_i}(a + \theta_4 h\,\boldsymbol{e}_i + k\theta_2\,\boldsymbol{e}_j)$$

となる. よって

$$\frac{\partial}{\partial x_j}\left(\frac{\partial f}{\partial x_i}\right)(a + \theta_1 h\,\boldsymbol{e}_i + k\theta_3\,\boldsymbol{e}_j) = \frac{\partial}{\partial x_i}\left(\frac{\partial f}{\partial x_j}\right)(a + \theta_4 h\,\boldsymbol{e}_i + k\theta_2\,\boldsymbol{e}_j)$$

$(h, k) \to (0,0)$ として f が C^2 級であることより, 次を得る.

$$\frac{\partial}{\partial x_j}\left(\frac{\partial f}{\partial x_i}\right)(a) = \frac{\partial}{\partial x_i}\left(\frac{\partial f}{\partial x_j}\right)(a)$$

$a \in D$ の任意性から結論を得る. ∎

A.7 5.3 節における $Q(x)$ の例の積分計算

5.3 節における球殻領域における重力ポテンシャルの計算をここで行う. $x \in \mathbb{R}^3$ に対する

$$Q(x) = -\frac{G\sigma}{4\pi}\iiint_{|y| \leqq R} \frac{1}{|x - y|}\,dy$$

の計算を扱う. $Q(x)$ は球対称な関数である. すなわち $|x|$ のみに依存する. よって $x = (0, 0, a)$ $(a > 0)$ の形の特別な点の場合に計算すれば良い. ここでは積分計算を行う.

$$I = \iiint_{|y| \leqq R} \frac{1}{\sqrt{y_1^2 + y_2^2 + (y_3 - a)^2}}\,dy$$

$$= \int_{-R}^{R}\left(\iint_{\{y_1^2 + y_2^2 \leqq R^2 - y_3^2\}} \frac{1}{\sqrt{y_1^2 + y_2^2 + (y_3 - a)^2}}\,dy_1\,dy_2\right)dy_3$$

$$= \int_{-R}^{R}\left(\int_0^{2\pi}\int_0^{\sqrt{R^2 - y_3^2}} \frac{1}{\sqrt{r^2 + (y_3 - a)^2}}r\,dr\,d\theta\right)dy_3$$

$$= \int_{-R}^{R} 2\pi\int_0^{\sqrt{R^2 - y_3^2}} \frac{1}{\sqrt{r^2 + (y_3 - a)^2}}r\,dr\,dy_3$$

$$= 2\pi \int_{-R}^{R} \left[(r^2 + (y_3 - a)^2)^{\frac{1}{2}} \right]_{r=0}^{r=\sqrt{R^2 - y_3^2}} dy_3$$

$$= 2\pi \int_{-R}^{R} \left((R^2 - y_3^2 + (y_3 - a)^2)^{\frac{1}{2}} - |y_3 - a| \right) dy_3$$

$$= 2\pi \int_{-R}^{R} \left((R^2 - 2\,a\,y_3 + a^2)^{\frac{1}{2}} - |y_3 - a| \right) dy_3$$

累次積分を実行するが 2 つの場合 (i) $a \geqq R$ と (ii) $0 \leqq a < R$ に分ける.

(i) $a \geqq R$

$$I = 2\pi \left[-\frac{(R^2 - 2\,a\,y_3 + a^2)^{\frac{3}{2}}}{3a} \right]_{y_3=-R}^{y_3=R} - 2\pi \int_{-R}^{R} (a - y_3) dy_3$$

$$= 2\pi \frac{-(a - R)^3 + (a + R)^3}{3a} - 2\pi \left[a\,y_3 - \frac{y_3^2}{2} \right]_{-R}^{R} = \frac{4\pi R^3}{3a}$$

(ii) $0 < a < R$

$$I = 2\pi \frac{-(R - a)^3 + (a + R)^3}{3a} - 2\pi \left\{ \int_{-R}^{a} (a - y_3) dy_3 + \int_{a}^{R} (y_3 - a) dy_3 \right\}$$

$$= 2\pi \left(R^2 - \frac{a^2}{3} \right)$$

よって $a = |x|$ として, 次を得る.

$$Q(x) = \begin{cases} -\dfrac{G\sigma R^3}{3|x|} & (|x| > R) \\[2mm] G\sigma \left(-\dfrac{R^2}{2} + \dfrac{|x|^2}{6} \right) & (0 \leqq |x| < R) \end{cases}$$

参 考 文 献

本書を執筆する際に参考にした数学書および本書を読む際に予備知識を得るため役立つ書物を以下にあげる．本文中にも関連を参照している箇所が多々あるので図書室などで見ると良い．

[0] 佐武一郎，線型代数学，裳華房，1958.

[1] 神保，本多，位相空間，数学書房，2011.

[2] 笠原晧司，微分積分学，サイエンス社，1974.

[3] 黒田成俊，微分積分，共立出版，2002.

[4] 杉浦光夫，解析入門 I, II，東京大学出版会，1980, 1985.

[5] 溝畑茂，数学解析，上，下，朝倉書店，1973.

[6] 小平邦彦，解析入門，岩波書店，1997.

[7] 犬井，高見，藤田，池部，数理物理に現れる偏微分方程式 I, II，岩波書店，1977.

[8] 伊藤清三，拡散方程式，紀伊国屋書店，1979.

[9] 今井功，流体力学（前編），裳華房，1973.

[10] 安達忠次，ベクトル解析（改訂版），培風館，1961.

[11] 岩波数学辞典（第 4 版），日本数学会編，岩波書店，2007.

索　引

著者略歴

神 保 秀 一
じん ぽ しゅう いち

1981年　東京大学理学部数学科卒業
1987年　東京大学大学院理学系研究科博士課程修了
現　在　北海道大学大学院理学研究院数学部門教授
　　　　理学博士

主 要 著 書

微分，積分（ともに共立出版，共著），偏微分方程式入門（共立出版），位相空間（数学書房，共著），ギンツブルク–ランダウ方程式と安定性解析（岩波書店，共著）

久 保 英 夫
く ぽ ひで お

1991年　北海道大学理学部数学科卒業
1996年　北海道大学大学院理学研究科数学専攻博士後期
　　　　課程修了
現　在　北海道大学大学院理学研究院数学部門教授
　　　　博士（理学）

新・数理/工学ライブラリ［応用数学＝3］

多変数の微積分とベクトル解析

2020 年 9 月 10 日 ©　　　　　　初 版 発 行

著 者　神保秀一　　　　発行者　矢沢和俊
　　　　久保英夫　　　　印刷者　馬場信幸
　　　　　　　　　　　　製本者　小西惠介

【発行】　株式会社 数 理 工 学 社

〒151–0051 東京都渋谷区千駄ヶ谷 1 丁目 3 番 25 号
☎ (03) 5474–8661（代）　　　サイエンスビル

【発売】　株式会社 サ イ エ ン ス 社

〒151–0051 東京都渋谷区千駄ヶ谷 1 丁目 3 番 25 号
営業 ☎ (03) 5474–8500（代）　振替 00170–7–2387
FAX ☎ (03) 5474–8900

印刷　三美印刷　　　　製本　ブックアート
《検印省略》

サイエンス社・数理工学社のホームページのご案内
https://www.saiensu.co.jp
ご意見・ご要望は
suuri@saiensu.co.jp まで．

ISBN978-4-86481-068-5

PRINTED IN JAPAN